Helmut Satz

**Kosmische
Dämmerung**

Helmut Satz

Kosmische Dämmerung

Die Welt vor dem Urknall

C. H. Beck

Mit 72 Abbildungen, davon 25 in Farbe

© Verlag C.H.Beck oHG, München 2016
Satz: Fotosatz Amann, Memmingen
Druck und Bindung: Kösel, Krugzell
Umschlaggestaltung: Rothfos & Gabler, Hamburg
Umschlagabbildung: © stock-photo
Gedruckt auf säurefreiem, alterungsbeständigem Papier
(hergestellt aus chlorfrei gebleichtem Zellstoff)
Printed in Germany
ISBN 978 3 406 69787 6

www.chbeck.de

Erwacht! Denn die Sonne mit ihrer Macht
hat vertrieben die Sterne vom Feld der Nacht,
hat vertrieben das Dunkel; im Sonnenlicht
erstrahlt nun die Welt in all ihrer Pracht.

Omar Khayyám, *Rubáiyát*

Inhalt

Vorwort

Seit die Menschen sich Gedanken machen über die Welt, in der sie leben, haben sie sich gefragt, wie diese Welt entstanden sein mag, warum sie so ist, wie sie ist, wie sie in Urzeiten war, was aus ihr werden wird und was unser Platz in ihr sein mag. Alle Kulturen der Menschheit enthalten irgendeine Aussage über das Entstehen der Welt und zu diesen Fragen. Wohin wir blicken, sehen wir Abläufe, die einen Anfang und ein Ende haben wie unser Leben. Hat auch unser Universum einen Anfang gehabt, und wird es ein Ende geben? Wenn wir nachts unter dem Sternenhimmel stehen, erscheint es uns natürlich zu fragen, wie all das entstanden ist, wie groß es ist und ob es weiter bestehen wird. Wir sind ein so winzig kleiner Teil von etwas so Großem. Anders als die anderen Lebewesen jedoch können wir fragen, und vielleicht ist es das, was uns besonders macht.

Die Suche nach Antworten auf diese Fragen hat auf Religionen geführt, auf Sagen, auf vielerlei Weltanschauungen und Philosophien – und letztendlich natürlich auf die Naturwissenschaft. Dort hat sich die Kosmologie als die für solche Fragen zuständige Wissenschaft entwickelt, und was wir in diesem Buch zu sagen haben, basiert auf den Untersuchungen dieser Wissenschaft. Selbst wenn die verschiedenen, im Laufe der Zeit auf diese Fragen gegebenen Antworten sich in vielem zu widersprechen schienen, zeigte sich doch genauso häufig, dass diese Widersprüche recht oberflächlicher Natur waren, dass die Grundgedanken stärker übereinstimmten, als man zunächst meinte. Und wir stellen heute fest, dass sich auch die Kosmologie in einen Bereich wagt, der für viele Physiker längst nicht mehr Naturwissenschaft ist – weil nicht mehr experimentell überprüfbar.

In diesem Buch möchte ich die wesentlichen Stufen in der Entstehung unseres Universums beschreiben, so wie sie sich nach der

Vorstellung der heutigen Kosmologie und Physik ergeben haben könnten. Wir werden sehen, dass vieles davon durchaus mit früheren, weniger wissenschaftlichen Bildern im Einklang ist. Vieles, was heute als letzte wissenschaftliche Erkenntnis gilt, wurde bereits vor über zweitausend Jahren als Ergebnis logischen Denkens postuliert. Hinzugekommen ist seitdem ganz zweifelsohne die Forderung, dass die so gewonnenen Ergebnisse nur durch Experimente bestätigt oder widerlegt werden können. Nur das macht ja aus Metaphysik eigentlich Physik. Gerade in letzter Zeit tauchen jedoch, wie schon erwähnt, wieder viele interessante Ideen auf, vom Multiversum bis zu Wurmlöchern durch Raum und Zeit, die in einer Welt angesiedelt sind, welche zumindest heute für uns kaum experimentell erreichbar scheint. Die Welt des Vorstellbaren bleibt sehr viel größer als die des Überprüfbaren, und so werden auch in der Naturwissenschaft in Zukunft viele Gedanken weiterleben, die nach unserem heutigen Wissen kaum eine Chance haben, wirklich bestätigt oder widerlegt zu werden.

Die Grundfragen, die wir hier ansprechen wollen, lassen sich im Wesentlichen in drei Bereiche aufteilen:

- Wie und woraus ist unser Universum entstanden, unsere Welt in Raum und Zeit, was war vorher? Und was kommt danach?
- Was sind die Grundbausteine der Materie in unserer Welt, und welche Kräfte bestimmen ihre Bindung?
- Wie ist aus einer strukturlosen frühen Welt die heutige Vielfalt in Form und Struktur entstanden?

Die Antworten, die man heute auf diese Fragen geben kann, sind durchaus spekulativer Natur und stoßen noch vielerorts auf Widerspruch. Aber sie sind, denke ich, interessant genug, um sie weiter zu verfolgen. Das ist das Ziel dieses Buches.

Noch vor dreißig Jahren wurde die erste dieser Fragen für unzulässig erklärt. Der Anfang, das war der Urknall, und «vorher» machte keinen Sinn. Es gab kein Vorher. Heute stellen sich viele Kosmologen und Physiker die Geburt unseres Universums als eine expandierende Blase in einer heißen Urwelt vor, eine Blase unter vielen anderen. Wir erleben zurzeit eine zweite kopernikanische Revolution: Weder unser

Sonnensystem noch unsere Galaxie, noch unser Kosmos sind das Ende aller Dinge. Es gibt darüber hinaus viele andere, ähnliche oder auch der unseren unähnliche Welten – Welten, die wir wohl nie erreichen können, die aber trotzdem existieren sollten. Dadurch wird der Urknall ein physikalischer Vorgang wie andere auch – er ist kein einmaliges Ereignis mehr, und er kann auch auf ein Ende hinführen.

Die Frage nach den Grundbausteinen unserer heutigen Welt und nach ihren Vorgängern in früheren Entwicklungsstufen lässt sich dank der Fortschritte der Teilchenphysik immer besser beantworten. Der Traum der Theoretiker, über eine Theorie zu verfügen, in der alle Elementarteilchen und alle elementaren Wechselwirkungen von der starken bis zur schwachen Kernkraft zu einer Form vereinigt sind, ist formal zwar immer noch nicht realisiert, aber man kann sich so etwas jetzt zumindest vorstellen. Eine solche «Theorie der großen Vereinigung» muss auf eine Urwelt hoher Symmetrie führen, in der alle Teilchen gleich behandelt werden. Die Abkühlung des Universums bewirkt dann Symmetriebrechungen und damit verschiedene Wechselwirkungen. Wie die Schwerkraft dort hineinpasst, bleibt allerdings weiterhin ein Rätsel.

Auch für die Entwicklung der Vielfalt unserer Welt gibt es recht verschiedene, vielleicht sogar einander widersprechende Modelle. Grundlegend ist in diesem Zusammenhang der berühmte zweite Hauptsatz der Thermodynamik, der eine Entwicklung in Richtung auf eine immer größere Unordnung vorschreibt und damit der Zeit eine Richtung gibt. Heißt das, es entsteht auch im Universum immer mehr Unordnung und damit ein strukturloses Ende? Hier ergeben sich gleich zwei Einwände: Die fortschreitende Ausdehnung des Universums verhindert auf lange Sicht ein Erreichen eines thermodynamischen Gleichgewichts. Und die Rolle der Gravitation als dominierender Kraft bewirkt, dass ein immer kälter werdendes Gas mit einer Gleichverteilung der Materie nicht auf einen stabilen Zustand des Universums führt. Solange die Schwerkraft eine Rolle spielt, ist eine Welt von Galaxien im leeren Raum thermodynamisch günstiger als ein gleichförmiges Gas von Teilchen.

In allen drei Bereichen hat sich in den letzten dreißig Jahren viel getan, und unsere Vorstellungen sind dabei grundlegend verändert worden. So scheinen zwei fundamentale Arbeitsweisen der Naturwissenschaft an ihre Grenzen gekommen zu sein. Reduktion (Was sind die kleinsten Bausteine der Materie?) hört auf bei den untrennbaren Quarks, und Extension (Erde, Sonnensystem, Galaxie, Universum) endet mit dem Multiversum. Andrerseits ist ein neuer Begriff aufgetaucht: Emergenz. Wir unterscheiden heute fundamentale Größen und Kräfte (Ladungen, Bindung eines Wasserstoffatoms) von emergenten Größen und Kräften (Temperatur, Druck), die erst durch das Zusammenspiel vieler Einzelteilchen entstehen. Vielleicht wirkt sich diese Entwicklung auch auf andere Bereiche menschlichen Denkens aus – es wäre in der Geschichte der Physik nicht das erste Mal. Auf jeden Fall möchte ich allen Interessierten zeigen, dass hier und heute in der Naturwissenschaft Entwicklungen stattfinden, die begrifflich sehr viel wichtiger erscheinen als technologisch. Ob sie irgendwann zu neuen Technologien führen werden, bleibt abzuwarten. Aber sie haben bereits heute unser Bild der Welt, in der wir leben, grundlegend verändert. Aus *dem* Universum wurde *ein* Universum im Multiversum, eines unter vielen in einer Urwelt. Und so möchte ich meine Darstellung abschließen mit einer «neuen» Schöpfungsgeschichte, so wie sie aus der heutigen Kosmologie folgen könnte.

Beim Schreiben des vorliegenden Buches habe ich festgestellt, dass es eine wohldefinierte und allgemein akzeptierte Vorstellung der Entwicklung unseres Universums seitens der heutigen Kosmologie überhaupt nicht gibt. Zum Leitmotiv wurde mir daher die Sicht des legendären amerikanischen Baseball-Schiedsrichters, der meinte: «I call them the way I see them.» Andere mögen es anders sehen.

Mein Dank geht an verschiedene Kollegen hier in Bielefeld, mit denen ich viele Aspekte diskutieren konnte; ich danke besonders Frithjof Karsch, der das Manuskript durchgesehen und vieles verbessert hat. Besonderer Dank geht auch an meinen Freund und Kollegen Paolo Castorina aus Sizilien, der mich stets und mit Begeisterung begleitet hat, selbst auf Pfaden, die aus Sicht der offiziellen Physik erst einmal abwegig anmuteten. An Suzette von Reder, die wie immer meine technischen Probleme mit der Textverarbeitung gelöst hat. An Stefan Bollmann vom Verlag C.H.Beck, der gleich einem neuen Buch zugestimmt hat und auch diesmal wieder das Manuskript sorgfältig korrigiert und verbessert hat. Last but not least geht natürlich ein ganz herzlicher Dank an meine Frau, die es gelassen und hilfreich ertragen hat, dass schon wieder einmal ein Buch so wichtig war.

Bielefeld, Mai 2016   *Helmut Satz*

Am Anfang schuf Gott Himmel und Erde.

Genesis 1.1

1. Vor dem Urknall

gab es keine Zeit und daher auch noch keinen Anfang. In sechs Tagen, so sagt die Bibel, hat Gott die Welt geschaffen. Obwohl allmächtig, hat er das Werk nicht mit einem Schlag vollbracht, sondern die Schöpfung über sechs Tage verteilt. Licht erschien schon am ersten Tag, Land und Wasser am zweiten, ihre klare Trennung fand erst am dritten statt, und so fort. Die Theologen früherer Zeiten sprachen deshalb vom *Sechstagewerk*, dem *Hexaemeron*. Warum hat die Schöpfung so lange gedauert, und warum hat sie verschiedene Stadien durchlaufen? Es wäre wohl zu einfach, das auf einen vermenschlichten Gott zurückzuführen, der abends müde wurde – da er doch gerade erst Abend und Morgen geschaffen hatte – oder der einfach mehr Zeit brauchte, um das Weitere zu planen. Eher vielleicht erscheint es im menschlichen Denken natürlich, dass so etwas Ausgedehntes und Vielfältiges wie unsere heutige Welt nicht schlagartig entstehen konnte, sondern dass selbst Gott sie erst «im Laufe der Zeit» aus etwas Einfacherem hat hervorgehen lassen.

Was gefehlt hätte, wenn die Welt mit einem Schlag entstanden wäre, ist die *Zeit*: Die Welt wäre zeitlos gewesen. Erst die nacheinander eintretenden Phasen der Schöpfung führen den Begriff einer Zeit ein, einen Ablauf mit Ereignissen und Intervallen und somit eine Skala; durch das Fortschreiten des Geschehens ergibt sich auch eine Zeitrichtung. Und das erste Ereignis dieser Kette definiert nun den Anfang.

Hildegard von Bingen (1098–1179):
Das Hexaemeron

Ganz ähnlich tritt der Raum in Erscheinung. Erst die Trennung von Himmel und Erde, von Licht und Dunkel, von Land und Wasser definieren einen Raum, in dem bestimmte Dinge hier, andere dort sind, diese oben und jene unten. Die Bühne für das kommende Schauspiel, der Raum, musste also auch zunächst erst erschaffen werden. In der heutigen Denkweise könnte deshalb der Eröffnungssatz der Bibel durchaus lauten: «Am Anfang schuf Gott Zeit und Raum.»

Diese Vorstellungen führen recht natürlich zu der Frage, was denn «vorher» war, wie und woraus Raum und Zeit entstanden sind. Wie wir wissen, geht die heutige Kosmologie von einem Urknall als Anfang unseres Universums aus. Lange Zeit wurden jedoch Fragen nach dem Zustand der Welt *vor* dem Urknall und nach dessen Auslöser als nicht zulässig erklärt. Der bekannte englische Astrophysiker Stephen Hawking meinte noch vor einiger Zeit, das sei so ähnlich wie die Frage, was denn nördlich vom Nordpol wäre. In den letzten dreißig Jahren hat jedoch ein Vorstellungswandel stattgefunden hin zu einem neuen Weltbild, in dem die Frage, wie und woraus unser Universum entstanden ist, durchaus einen Sinn macht. Es gibt heute einen Rahmen, wenn auch in vielerlei Hinsicht spekulativ und längst nicht von allen Wissenschaftlern akzeptiert, in dem man recht allgemein die Entstehung unseres Universums diskutieren kann. Die Entwicklung unseres Weltbildes begann mit der Erde als Mittelpunkt. Im nächsten Schritt trat die Sonne an diese Stelle, die Erde war nur einer der die Sonne umkreisenden Planeten. Es stellte sich dann heraus, dass die Sonne ihrerseits nur einer von Millionen Sternen ist, aus denen unsere Galaxie, die Milchstraße, besteht. Und es gibt wiederum viele Millionen ähnlicher Galaxien, die sich von uns durch die Ausdehnung des Raums immer weiter entfernen. Unsere Welt wurde also Schritt um Schritt ein immer kleinerer Teil eines immer größer werdenden Universums. Der Urknall definierte den Anfang unseres Universums und schuf damit auch die Vorstellung, dass das alles ist, was es gibt: eben *das* Universum. Aber so, wie sich ein Giordano Bruno vor vierhundert Jahren eine endlose Aneinanderreihung von Sonnensystemen vorstellen konnte, so können sich heute Kosmologen eine unendliche Zahl von Universen vorstellen, Universen wie das unsere oder auch andere, mit anderen Naturgesetzen. Wie, wann und woraus könnten diese entstanden sein und weiter entstehen?

Die Welt vor unserer Zeit ist die Urwelt. Es ist eine Welt ohne Zeit in unserem Sinne, denn ein Ablauf erfordert eine Reihung von verschiedenen Ereignissen, die es gestatten, von «vorher» und «nachher» zu sprechen. Die Urwelt ist eine Welt ohne Anfang und Ende, ohne Vorher und Nachher, ohne Früher und Später, ohne Hier und Dort, ohne Oben und Unten, ohne Form und Struktur, ohne Groß und Klein. Bereits zweitausend Jahre vor Christus hieß es im Rigveda, dem frühesten indischen Schöpfungsmythos,

Zu jener Zeit gab es kein Nicht-Sein und kein Sein,
nur Dunkel war, verhüllt von Dunkel,
und unerkennbar wogte dieses alles.

Aus jener Urwelt ist, als eine zufällige Fluktuation, wie eine Blase in heißer Lava, unser Universum entstanden, mit unserem Raum und unserer Zeit. Der Rigveda meint,

das Eine ward durch Macht der Glut geboren,

und so sind sicherlich auch noch viele weitere Blasen, viele andere Universen entstanden. Es ist nicht leicht, sich ein Bild von einer solchen Urwelt zu machen. Wir können es aber versuchen, indem wir mit einem Entwurf anfangen und diesen dann fortlaufend immer wieder korrigieren.

Stellen wir uns einen beliebig großen Behälter Wasser vor, ein Meer bei fester Temperatur und ohne irgendwelche äußeren Einwirkungen, und tauchen tief in das Innere, weit entfernt von allen Begrenzungen. Hier gibt es nur gleichförmiges Wasser, gestern, heute und morgen; Zeit ist bedeutungslos. Die Vorstellung von Raum ist es in gewisser Weise auch, da eine Verschiebung unserer Position, egal in welcher Richtung, zu keiner Änderung der uns umgebenden Welt führt. Und wenn sich dieses Wasser auch noch im interstellaren Raum befinden würde, also ohne irgendwelche Effekte von Schwerkraft, gäbe es auch kein Oben oder Unten.

Sobald die gewählte Temperatur des Wassers in die Nähe des Siedepunkts gerät, bilden sich im Allgemeinen kleine Dampfblasen, Regionen geringerer Dichte als die des sie umgebenden Wassers. In einer irdischen Umgebung steigen diese Blasen auf, entkommen in die Luft über der Wasseroberfläche und dehnen sich dann weiter aus. Das wäre schon ein ganz einfaches Bild, mit dem wir versuchen könnten, das Entstehen einer Welt zu beschreiben. Das heiße Wasser wäre das Urmedium, und jede der Blasen bildet später ein Universum irgendwelcher Art.

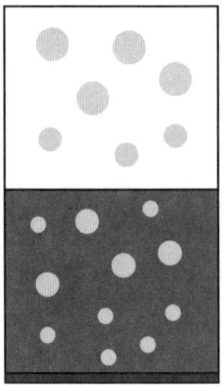

Siedendes Wasser

Aber es gibt noch eine interessantere Variante. Wenn das Wasser sehr rein und die Wände des Behälters sehr glatt sind, kann man die Temperatur über den Siedepunkt hinaus anheben, bis etwa 110 Grad Celsius, ohne dass etwas geschieht. Die Techniker sprechen dann von einem *Siedeverzug*. Das Wasser ist jetzt in einem metastabilen Zustand: Jede kleinste Erschütterung oder Unebenheit führt nun dazu, dass sich explosionsartig eine große Blase bildet, die den verhinderten Wasserdampf entstehen und entkommen lässt. Nach dem Entkommen verringert sich die Dichte des Mediums in der Blase mehr und mehr, es gibt eine Zeit und eine Zeitrichtung. Vorher, im Wasser, war das nicht der Fall. Wasser ist Wasser, heute oder morgen, da stellt sich keine Frage von Zeit. Die Zeit entsteht erst durch das Entkommen der Blase, nach der dann Abläufe stattfinden, sich die Wassermoleküle «im Laufe der Zeit» immer weiter voneinander trennen und in immer fernere Regionen in der Luft begeben. Unser Urknall, so meinen die heutigen Experten, war in gewisser Weise ein vergleichbarer Vorgang.

Doch betrachten wir die Situation noch etwas genauer. Wasser hat unter festgelegten Bedingungen einen *Normalzustand*: Am Meeresspiegel ist das unterhalb von null Grad Celsius Eis, von null bis hundert Grad Flüssigkeit, und über hundert Grad Dampf. Die Übergänge von einem Normalzustand in einen anderen, wie Schmelzen oder Verdampfen, bezeichnet man als *Phasenübergänge*. Wenn wir vorsichtig genug vorgehen, können wir aber, wie gerade betrachtet, das Wasser bis zu zehn Grad über den Siedepunkt erhitzen, ohne dass es verdampft. Es ist also noch Flüssigkeit in einem Temperaturbereich, in dem es eigentlich schon Dampf sein sollte. Es befindet sich, so die Physikterminologie, in einem *falschen Normalzustand*, und jede kleinste Störung bringt es dann in den richtigen, nämlich Wasserdampf. Beim überhitzten Wasser befindet sich das System in einem instabilen Zustand künstlich überhöhter Energie, eben in dem falschen Normalzustand; der wahre Normalzustand entspricht niedrigerer Energie, sodass beim Übergang vom falschen in den richtigen Zustand Energie freigesetzt wird, alles spritzt auseinander.

Es gibt in unserer täglichen Welt viele Beispiele für derartige Situationen. Ein recht bekanntes Beispiel ist der Ball auf dem Berg;

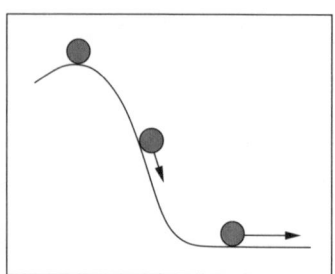

Der Ball auf dem Berg

auch hier bringt die kleinste Erschütterung den Ball dazu, in die Ebene hinabzurollen. Oben, im falschen, instabilen Zustand, hat er durch die Anziehungskraft der Erde eine höhere Potentialenergie, als er unten ruhend haben würde. Diese höhere Energie des Balls verwandelt sich dann beim Hinabrollen in kinetische Bewegungsenergie.

Unsere bisherigen Überlegungen laufen zwar in die richtige Richtung, basieren aber in verschiedenen Aspekten noch zu sehr auf unserer irdischen Welt. Wie nicht anders zu erwarten, ist Wasser als Bild für das Urmedium, in dem sich die Blasen entstehender Universen bilden, letztlich nicht so geeignet. Insbesondere sieht die Sache im Kosmos schon deshalb ganz anders aus, weil, wie wir heute wissen, das Universum nicht statisch ist, sondern sich räumlich immer mehr ausdehnt. Unsere irdische Welt bildet eine statische Bühne für den Ablauf von Ereignissen, aber der Kosmos ist nicht statisch. Ferne Galaxien entschwinden, von uns aus gesehen, in immer größere Fernen. Der gesamte Weltraum an sich dehnt sich ständig immer mehr aus, und obwohl diese Ausdehnung für uns lokal keine Rolle spielt, hat sie im Großen gravierende Folgen.

Stellen wir uns vor, dass wir uns auf der einen Seite eines großen Saales befinden und dann auf die gegenüberliegende Tür dieses Raumes zugehen, mit normaler Schrittgeschwindigkeit, also etwa einem Meter pro Sekunde. Würde sich nun, während wir gehen, der Raum stetig ausdehnen, mit mehr als einem Meter pro Sekunde, dann würden wir die Tür nie erreichen. Im Gegenteil, wir gehen und gehen, mit unserer üblichen, örtlichen Geschwindigkeit, aber die Tür rückt trotzdem in immer größere Ferne.

Ein ähnliches Schicksal erleidet eine Ameise, die versucht, auf

Die Ameise auf dem Ballon

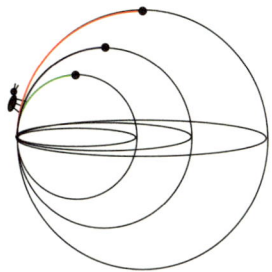

einem Ballon, der gerade aufgeblasen wird, vom Äquator zum Nordpol zu krabbeln. Eine bestimmte Ausdehnungsgeschwindigkeit vorausgesetzt, rückt der Pol mit dem Aufblasen in immer weitere Ferne, und sie wird ihn trotz ihres Vorankriechens nie erreichen.

Wir ersehen aus diesen Beispielen, dass der Ablauf von Vorgängen durch eine räumliche Expansion grundlegend geändert werden kann. Somit stellt sich die kritische Frage, wie sich die Expansionsrate des Raumes zu der Ablaufzeit des betroffenen raumzeitlichen Vorgangs verhält.

Bevor wir dazu auf Kosmos-Ebene kommen, muss zunächst noch ein anderes wesentliches Problem angesprochen werden. Es muss irgendetwas geben, das die Ausdehnung des Kosmos erzeugt, denn die Schwerkraft wirkt ja anziehend zwischen allen Himmelskörpern und selbst, wie wir seit Einstein wissen, zwischen Ballungen normaler Energie. Das mysteriöse Medium, das die Anziehungskraft der Gravitation nicht nur kompensiert, sondern sogar noch Expansion erzeugt, könnte man als

Raumenergie

bezeichnen; in der Fachwelt spricht man stattdessen meist von *dunkler Energie*. Aus kosmologischer Sicht ist der sogenannte leere Weltraum eben nicht leer, sondern gleichmäßig angefüllt mit einer unsichtbaren Energie, wenn auch von sehr geringer Dichte, und diese Energie treibt ihn ständig zu weiterer Expansion. Normalerweise würde bei einer solchen Expansion die Energiedichte sinken; hier ist das aber nicht der Fall, sie bleibt konstant und hat immer und überall den gleichen Wert, der meist mit Λ bezeichnet wird. Eine derartige Konstanz scheint auf den ersten Blick kaum möglich: Wenn das Gesamtvolumen bei konstanter Energiedichte ansteigt, wird die Gesamtenergie ja immer mehr. Wo kommt diese her? Ist das nicht eine Verletzung der Energieerhaltung?

Die Lösung dieses Rätsels liegt in der Beschreibung der Schwerkraft durch Raumdeformation, wie das in der allgemeinen Relativitätstheorie der Fall ist. Wir sehen ein einfaches Beispiel dafür bereits bei dem Ball auf dem Berg. Die Bewegungsenergie des Balls oben auf dem Berg ist null, unten deutlich von null verschieden. Wo kommt die entstandene Energie her? Durch die Berg-und-Tal-Struktur entsteht eine Differenz im Schwerkraftfeld zwischen oben und unten, und das liefert «als Differenz in der Potentialenergie» die zusätzliche kinetische Energie. Auf sehr ähnliche Weise sind in der kosmischen Welt Energie und Raum miteinander verknüpft: Der Anstieg der Raumenergie durch die Expansion wird mit einer verstärkten Deformation des Raums bezahlt. Je größer die effektive Masse wird, desto größer wird auch die negative Potentialenergie der durch sie erzeugten Gravitation. Die Bilanz bleibt konstant. Und nur so konnte auch unser Universum «kostenlos» aus der Urwelt entstehen. Was wir an Masse bekommen haben, wurde durch Raumkrümmung und der daraus resultierenden negativen Potentialenergie bezahlt.

Die heutige Dichte der Raumenergie in unserem Universum aber ist, wie gesagt, außerordentlich gering; ihr entsprechender Massenwert in einem Volumen von der Größe der Erde beträgt etwa ein tausendstel Gramm. In stellaren Bereichen hat so etwas natürlich keinen merklichen Schwerkraft-Effekt und auch keine Auswirkungen auf sonstige physikalische Vorgänge; unser Planetensystem und selbst unsere Milchstraße bleiben unverändert. Erst bei kosmisch großen Abständen (die Astronomen sprechen von «intergalaktischen» Abständen) tritt ein Effekt ein. Da die Dichte über das gesamte Universum konstant ist, erzeugt dort allein die schiere Menge an Raumenergie eine Abstoßung. In unserem Sonnensystem ist die Gesamtmenge noch vernachlässigbar klein. Im gesamten beobachtbaren Universum jedoch macht sie heute drei Viertel der gesamten Energie aus, und wegen der Ausdehnung wird ihr Anteil ständig größer.

Die Raumenergie in unserem Universum *nach* dem Urknall spielt nun, so die heutige Kosmologie, die Rolle des Wasserdampfes in der entkommenen Blase. *Bevor* die Blase entkommen konnte, enthielt sie ein überhitztes Urweltmedium von einer immens höheren Dichte. Dieses erzeugte wiederum eine immens stärkere räumliche Expansion als die heutige; die Ausdehnungsrate der Urwelt war (und ist) unwahrscheinlich viel größer als die unseres jetzigen Universums. Das Urweltmedium entspricht dem überhitzten Wasser, ist also im falschen Normalzustand. Jede kleine lokale Störung kann eine Blase erzeugen, in der ein Übergang in den wahren Normalzustand stattfindet. Die hohe Dichte der Raumenergie erzeugt für diese Blase zunächst die dramatische Ausdehnung der Urwelt, bis dann der falsche in den richtigen Normalzustand übergegangen ist und die Raumenergie von ihrem Urweltwert auf den heute in unserem Universum beobachteten Wert abgesunken ist; von diesem Punkt an wird auch die räumliche Expansion sehr viel geringer. Die Energiedifferenz zwischen der falschen hohen Urweltdichte und der heutigen, sehr viel niedrigeren Dichte wird in dem Übergang freigesetzt und erzeugt letztendlich all die Materie, die unser heutiges Universum ausfüllt. Damit wird der Urknall als ein in gewissem Sinne «normaler» physikalischer Vorgang eingeordnet, der aber für uns der Anfang dessen ist, was wir als Zeit und Raum sehen.[*]

---

[*] Ich habe hier versucht, das derzeitige Weltbild in allgemein verständlicher Terminologie zu beschreiben. Für die Leser, die sich mit der Kosmologie näher befasst haben, kann ich hinzufügen: Was ich als Urwelt im falschen Normalzustand bezeichnet habe, ist das skalare Inflatonfeld im falschen Vakuum. Es zerfällt dann in einem räumlich beschränkten Bereich in das richtige Vakuum, in dem der verbleibende Wert dieses Inflatonfeldes die heute noch «beobachtete», sehr viel geringere dunkle Energie liefert; aus der dabei frei gewordenen Energie entsteht die Materie unseres Universums. Nach der Mehrzahl der derzeitigen Vorstellungen dehnt sich das falsche Vakuum schneller aus als das Gesamtvolumen aller Blasen des richtigen. Damit ergibt sich dann eine *ewige Inflation*.

Alan Guth

Die eben skizzierte Entstehung unseres Universums als Blase eines
Urweltmediums ist, wie schon angedeutet, ein völlig neues Weltbild,
erst dreißig Jahre alt; wesentlich beigetragen haben dazu der amerika-
nische Physiker Alan Guth und der russisch-amerikanische Physiker
Andrei Linde.

Bis dahin hatte man unser Universum als endgültig betrachtet,
nicht als Teil von etwas «Größerem». Mithin war die Frage «Was war
vor dem Urknall?» nicht erlaubt. Auf Grund verschiedener Beobachtungen – wir kommen darauf noch zurück – war man aber zu dem
Schluss gekommen, dass dieses Universum ganz kurz nach dem
Urknall eine Phase extrem rascher Ausdehnung, einer «Inflation»,
durchlaufen hat. Die Versuche, diese Inflation zu begründen, führten
schließlich zu dem neuen Urweltbild, das noch weitere unausweichli-
che Konsequenzen hat. Unser Universum entstand als eine Blase in
der Urwelt; diese jedoch besteht fort und dehnt sich weiter aus,
sodass ständig neue Blasen entstehen, weitere, andere Universen. Die
Urwelt ist also ein

Andrei Linde

Multiversum,

in dem sich ständig und ewig neue Universen bilden. Unser Universum ist nur eine dieser ungezählten Welten. Wir haben die Universen in dem folgenden Bild der Einfachheit halber symmetrisch dargestellt; in Wirklichkeit werden sie aber beliebig unregelmäßig sein.

Da die anderen Universen für uns auf ewig unerreichbar bleiben, werden wir auch nie wissen, ob in ihnen die gleichen Naturgesetze

Zwei Universen entstehen im Multiversum

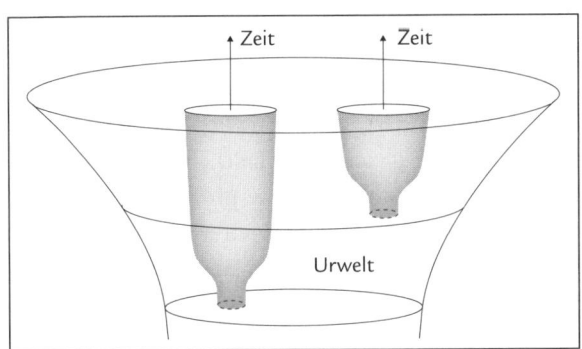

gelten wie bei uns oder ob es dort auch intelligentes Leben gibt. Sie liegen für uns unabänderlich außerhalb jeder Erforschbarkeit. Deshalb gibt es auch viele Wissenschaftler, die die Vorstellung eines Multiversums mehr für Metaphysik als für Physik halten. Andererseits führt auch ein einmaliges, alleiniges Universum auf Probleme wie die Inflation, die im Rahmen der konventionellen Physik kaum verständlich erscheinen und weitere Erklärung erfordern.

Unser eigenes Universum ist, soweit wir das beurteilen können, in größten, kosmischen Dimensionen (eben den erwähnten «intergalaktischen») gleichförmig, also homogen und isotrop; das wird meist als das *kosmologische Prinzip* bezeichnet. Es gilt natürlich nur im Mittel über riesige Regionen; von unserem Sonnensystem bis hin zur Milchstraße ist die Welt sicherlich nicht gleichförmig. Sie wird es aber, wenn man genügend große, eben kosmische Bereiche betrachtet. Diese unterscheiden sich dann nicht mehr voneinander. Das Universum ist im Mittel gleichförmig, in jeder Richtung und in jedem Raumgebiet. Im Gegensatz dazu gilt das für die Zeit absolut nicht: Unser Universum hat sich seit dem Urknall ständig und dramatisch verändert; es gibt eine Zeitrichtung, einen Pfeil des Geschehens, und dieser führt von einem heißen Gas zu einem Kosmos von Galaxien. Wie das möglich wird, beschreiben wir in Kapitel 6.

Im Falle des Multiversums sieht die Sache anders aus. Auch hier lassen sich verschiedene, ausreichend große räumliche Bereiche nicht voneinander unterscheiden. Aber sie sind alles andere als gleichförmig: Im falschen Normalzustand der Urwelt entstehen überall sich weiter ausdehnende Blasen des richtigen Normalzustands, zukünftige Universen, während sich die Urwelt selbst auch weiter dramatisch ausdehnt. Das Multiversum gleicht also ein wenig einer expandierenden überhitzten Suppe, aus der ständig Blasen entkommen. Und dieser Zustand ändert sich hier auch mit der Zeit nicht, sodass nun Raum und Zeit gleichwertig erscheinen: Die Blasen der kommenden Universen treten hier und dort, größer und kleiner, früher und später auf. Und aufgrund der ständigen Ausdehnung besteht auch das überhitzte Urmedium selbst immer weiter, wird sogar mehr.

Ein Medium mit solchen räumlichen und zeitlichen Unregelmäßigkeiten nennt man heute *fraktal*. Dieser Begriff wurde von dem französischen Mathematiker Benoît Mandelbrot geprägt und bezeichnet komplexe Gebilde, die aus sich selbst immer wiederholenden Formen erzeugt werden; man nennt das auch *selbstähnlich*. In der Mathematik behandelt man solche Formen im Räumlichen; im Falle des Multiversums aber erscheinen sie sowohl im Raum als auch in der Zeit. Es gibt größere und kleinere Blasen, die mal früher, mal später in Erscheinung treten. In der folgenden Abbildung ist, hier nur als Illustration, ein solches Gebilde dargestellt; es ist das nach seinem Erfinder, dem polnischen Mathematiker Wacław Sierpiński, benannte Dreieck, das sich aus sowohl positiv (weißen) wie auch negativ (schwarzen) wiederholenden Dreiecken verschiedener Größen zusammensetzt.

Das Sierpinski-Dreieck

Im Falle des Multiversums muss man sich das Ganze auch noch räumlich und zeitlich in kontinuierlicher Ausdehnung vorstellen. Nehmen wir dabei die weißen Dreiecke als neuentstandene Universen, dann ist das Bild insofern nicht korrekt, als sich nach heutigem Kenntnisstand die schwarze Urwelt sehr viel schneller ausdehnt als die weiße, was wiederum zum Entstehen neuer Universen führt.

All das bedeutet letztlich, dass unser gesamtes Universum, vom Urknall bis heute, nur eines von auf lange Sicht unendlich vielen, auf ähnliche Weise entstandenen Universen ist. Kopernikus hatte die Vorstellung der Erde als Mittelpunkt der Welt abgeschafft und uns so unseren Sonderstatus im Universum genommen. Das heutige Weltbild nimmt ihn auch *unserem Universum*. Es ist nur eines der vielen kleinen Dreiecke, und wir wissen nicht und werden nie wissen, was in den anderen geschieht. Eine solche Vorstellung bringt natürlich diverse Fragen mit sich. Unsere heutige Welt ist nur möglich, weil die verschiedenen «Naturkonstanten» die Werte haben, die wir vorfinden. Wären etwa Elektronen viel schwerer, oder könnten Protonen leicht zerfallen, dann gäbe es keine Welt wie die unsere. Warum haben sie genau jene Werte, die notwendig sind für unsere Existenz? Ein nicht unbedingt befriedigender Vorschlag ist, dass die Werte der Naturkonstanten in den verschiedenen Universen des Multiversums beliebig verteilt sind und unser Universum zufällig die «richtigen» bekommen hat. Es fällt schwer, diese Vorstellung von der einer gezielten Schöpfung zu unterscheiden.

Bisher haben wir die Entstehung unseres Universums in einem größeren Rahmen, von außen, betrachtet. Kehren wir nun aber wieder in unsere Welt zurück. Durch die astronomischen Beobachtungen in den zwanziger Jahren des letzten Jahrhunderts, die Edwin Hubble am Mount Wilson Observatory in Kalifornien durchgeführt hat, wissen wir, dass sich ferne Galaxien stetig weiter von uns entfernen, und das umso schneller, je weiter entfernt sie sind. Der Grund dafür ist die bereits erwähnte Ausdehnung des gesamten Weltraums, angetrieben von dem, was von der dunklen Raumenergie im jetzigen Normalzustand verblieben ist. Lassen wir den Film rückwärts laufen, kommen wir zu einem Anfang. Daraus hatte der belgische Physiker und Priester Georges Lemaître vor knapp hundert Jahren den Urknall als Beginn unserer Welt hergeleitet. Messungen haben ergeben, dass er vor etwa vierzehn Milliarden Jahren stattgefunden haben muss. Die wohl wesentliche Bestätigung der Urknall-Theorie war gegeben, als die amerikanischen Physiker Arno Penzias und Robert Wilson im Jahr 1964 das bis heute verbliebene Leuchten des Urknalls entdeckten, die *kosmische Hintergrundstrahlung*.

Ein Teil der durch den Zerfall des falschen Normalzustands freigesetzten Energie verwandelte sich im Laufe der Zeit in Photonen, in Lichtpartikel. In der frühen Phase der Entwicklung waren diese Photonen in Wechselwirkung mit allen anderen erzeugten, elektrisch geladenen Teilchen. Aber wenig später – wir kommen darauf noch im

Detail zurück – haben sich viele der anderen erzeugten Teilchen gegenseitig vernichtet und dadurch noch zusätzlich Photonen ins Spiel gebracht, die zunächst mit den verbliebenen geladenen Teilchen in Wechselwirkung waren. Auf lange Sicht aber haben sich aus positiven und negativen Teilchen elektrisch neutrale Atome gebildet. Damit war für die Photonen die Zeit der Wechselwirkung zu Ende: Sie waren nun frei, entkoppelt von jeder Form der Materie, und konnten sich seitdem ungehindert ausbreiten. Wann die Entkopplung stattgefunden hat, lässt sich bestimmen, nämlich etwa 380 000 Jahre nach dem Urknall. Die zu der Zeit noch vorhandenen Photonen sind seitdem unterwegs, fliegen frei durch unseren Weltraum. Dieser hat sich, wie gesagt, immer weiter ausgedehnt, was dazu geführt hat, dass die Wellenlänge der Photonen ständig größer geworden ist. Da diese Wellenlänge die Temperatur des Photongases bestimmt, folgt daraus, dass die Temperatur der kosmischen Hintergrundstrahlung von etwa 300 000 Grad Kelvin zur Entkopplungszeit auf heute etwa 3 Grad Kelvin abgesunken ist. Genau diese 3-Grad-Strahlung hatten Penzias und Wilson gemessen. Inzwischen gibt es viele genaue Messungen dieser Strahlung, in allen Regionen und Richtungen des Himmels. Und egal, wo man misst, es ergeben sich immer diese 2,72548 ± 0,00057 Grad Kelvin, identisch bis zur vierten Dezimalstelle. Das universell verbliebene Licht des Urknalls ist unglaublich gut bekannt und bis zu dieser Genauigkeit überall dasselbe. Das aber führt, wie wir gleich sehen werden, auf ein gravierendes Problem.

Ein Flecken des Universums am östlichen Ende des Himmels war zum Zeitpunkt der Photon-Entkopplung von einem anderen am westlichen Ende um viele Lichtjahre entfernt. Zwischen beiden Regionen war keinerlei Verständigung möglich. Wieso haben sich dann beide mit ihren Strahlungstemperaturen so perfekt synchronisiert? Wie konnten in völlig getrennten Räumen die Dirigenten den gleichzeitigen Einsatz ihrer jeweiligen Orchester schaffen? Dieses Rätsel hat die Kosmologen jahrzehntelang beschäftigt, und man glaubt heute, die Lösung in Form der Inflation gefunden zu haben.

Zunächst war nur ein kleines, heißes, dichtes Fleckchen Urmaterie da, lokal in thermischem Gleichgewicht, wie ein Gas bei vorgegebener Temperatur und vorgegebenem Druck. Dann kam plötzlich

die Inflation, der Übergang vom falschen in den richtigen Normalzustand; dabei wurde dieses Fleckchen räumlich in sehr kurzer Zeit
um ein Vielfaches ausgedehnt, in Bereiche, die nicht mehr miteinander kommunizieren konnten. Die dabei frei gewordene Energie
wurde in die Teilchen unserer Welt verwandelt, so auch in Photonen.
Und bei dieser Ausdehnung wurden auch die kleinsten noch vorhandenen Unregelmäßigkeiten des Systems weitgehend geglättet. Nur ein
solcher Vorgang lässt uns verstehen, warum danach auch kausal nicht
mehr verbundene Systeme genau die gleiche Temperatur haben können: Sie waren, bevor eine explosionsartige Ausdehnung sie um
Lichtjahre voneinander trennte, miteinander unter den gleichen Bedingungen im gleichen Topf. Was heute getrennt ist, war einmal
zusammen und konnte kommunizieren. Die relevanten Skalen sind
im folgenden Bild illustriert.

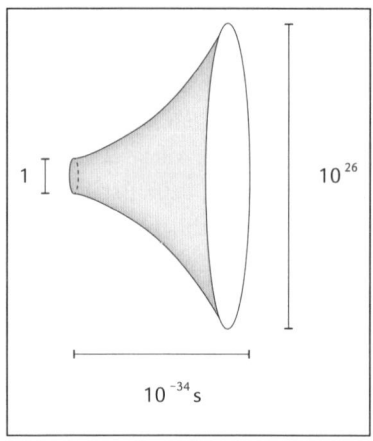

Kosmische Inflation

1 10^{26}

10^{-34} s

Das Schaubild zeigt, dass im Inflationsprozess innerhalb von 10^{-34}
Sekunden die Längenskala um einen Faktor 10^{26} anstieg. Das war
der Urknall. In heutige Maße übertragen, dehnte sich dabei der
Raum der «Urblase» mit einer Geschwindigkeit aus, die die Lichtgeschwindigkeit um mehr als einen Faktor 10^{50} übertrifft. Es war also
auch im Rahmen aller heutigen physikalischen Vorstellungen ein absolut einmaliger Vorgang. Das heißt aber nicht, dass er sich nicht

ständig in der Entstehung weiterer Universen im Multiversum wiederholt. Für uns hingegen bleibt er einmalig, weil wir ja das Schicksal der anderen Universen nicht überprüfen können.* Das neue Bild der Inflation bringt mithin eine Klärung von gleich zwei Fragen. Es zeigt, wie aus der Urwelt ein Universum wie das unsere entstanden ist. Und es erklärt gleichzeitig, warum in unserem Universum kausal entfernte Regionen die gleichen Bedingungen zeigen. Die beobachtete kosmische Hintergrundstrahlung enthält also mehr Information als zunächst vermutet. Sie bildet unsere einzige Möglichkeit, danach zu suchen, ob nicht doch etwas verblieben ist vom Blitz des Urknalls, vom Übergang aus dem falschen in den richtigen Zustand des Urweltmediums. Zum anderen aber zeigt uns der universelle Temperaturwert der Strahlung, dass zusammen mit dem Übergang eine dramatische räumliche Ausdehnung, die Inflation, stattgefunden hat. Und das bringt uns zur nächsten Frage: Wie konnte am Ende des Vorgangs, in diesen allerersten Augenblicken nach dem Urknall, so etwas wie Materie entstehen aus dem heißen Medium der Urwelt?

---

* Diese und andere Zahlenwerte der Skalen des sehr frühen Universums sind mit dem bekannten Körnchen Salz zu genießen. Wir kommen darauf in Kapitel 4 noch einmal zurück und unterscheiden dann empirisch belegte Werte der späteren Entwicklung von den doch recht indirekten Schätzwerten der frühesten Stufen.

Ich nenne sie Urteilchen, weil sie zuerst
kamen und alles aus ihnen hervorgeht.

Lukrez, *Von der Natur der Dinge,*
Erstes Buch, ca. 55 v. Chr.

2. Die ersten Teilchen

traten in Erscheinung, als das instabile Medium der Urweltblase aus
seinem heißen, aber falschen in den viel kühleren, aber richtigen
Normalzustand übergegangen war; dabei wurde plötzlich sehr viel
Energie freigesetzt. Dieser Übergang, der in unserem Bild von über-
hitztem Wasser dem explosionsartigen Entkommen einer sich ausdeh-
nenden Dampfblase entspricht, führte hier zu einer sehr abrupten
Expansion, der «Inflation» der Kosmologen. In einer unvorstellbar
kurzen Zeit, in etwa 10^{-34} Sekunden, fand eine räumliche Ausdehnung um einen Faktor 10^{26} oder mehr statt. Am Ende dieses Vorgangs fiel das System dann schlagartig in den richtigen Normalzustand, wobei die Energiedifferenz zwischen dem falschen und dem
richtigen Normalzustand nun im Raum zur Verfügung stand. Es
gibt hier und heute keinen vergleichbaren «Augenblick» solcher
Kürze und auch keine vergleichbare Ausdehnungsrate. Das Ganze
war ein absolut einmaliges Ereignis in der Geschichte unseres Universums, seine Geburt: der Urknall.

Stellen wir uns das Ereignis etwas detaillierter vor. In dem bro-
delnden Urmedium entsteht eine geringe Fluktuation in der Dichte.
Die Quantenmechanik sagt vorher, dass eine solche Fluktuation mit
einer gewissen Wahrscheinlichkeit immer wieder vorkommen kann.

Hier genügt sie, um als Störung eine Blase zu erzeugen, in der das System vom falschen auf den richtigen Normalzustand zutreibt. Solange die Energiedichte innerhalb der Blase nur wenig geringer ist als die des falschen Zustands, dehnt sie sich weiter aus mit der beschriebenen dramatischen Urweltrate. Dann, ganz plötzlich, findet der Übergang, der Absturz in den energetisch viel niedrigeren Normalzustand statt. Die Ausdehnung kommt jetzt fast zu einem Halt; die Inflation ist beendet. Unser Universum ist geboren, und von jetzt an setzt ein, was man bisher als die Urknall-Kosmologie bezeichnet hat, die Entwicklung *nach* dem Urknall.

Bei dem Absturz in den Normalzustand wurde, wie erwähnt, ganz plötzlich die Energiedifferenz zu dem höheren, falschen Zustand sozusagen in den Raum geworfen. Und was geschieht nun mit dieser unmittelbar verfügbar gewordenen, «überflüssigen» Energie? Am Beispiel des Balls auf dem Berg hatten wir gesehen, dass sich die oben vorhandene Potentialenergie unten in kinetische Energie verwandelt. Bestünde der Ball aus Glas, würde er beim Aufprall in viele auseinanderfliegende Scherben zerplatzen. Im Fall der Urweltblase entstanden aus der frei gewordenen Energie die Fragmente für die gesamte kommende Welt.

Um das zu verstehen, müssen wir zunächst untersuchen, was passiert, wenn Energie im leeren Raum deponiert wird. Was ist eigentlich leerer Raum? Dabei wollen wir die im vorigen Kapitel erwähnte dunkle Energie zunächst außer Acht lassen; sie formt den Raum, aber nicht dessen Inhalt. Seit den Arbeiten des britischen Physikers Paul Dirac wissen wir, dass der leere Raum nur auf den ersten Blick leer ist: Er ist ein Meer von *virtuellen* Teilchen, das Meer aller Teilchen, die noch nicht in die Wirklichkeit gelangen konnten, weil ihnen die Energie dafür fehlte. Der leere Raum ist wie ein See, unter dessen Oberfläche alle möglichen Teilchen nur darauf warten, die Energie für den Sprung nach oben, in die Wirklichkeit, zu erhalten. Was schwimmen dort für Fische? Was sind eigentlich Teilchen, und was für Arten von Teilchen gibt es?

Aus der Teilchenphysik wissen wir, dass es in der heutigen Welt eine Vielzahl verschiedener Spezies gibt, die mit sehr verschiedenen Kräften untereinander in Wechselwirkung stehen. Aber diese Vielfalt hat sich erst im Laufe der Zeit nach dem Urknall entwickelt, so wie sich auch die verschiedenen Lebewesen in unserer Welt aus einfacheren Urformen entwickelt haben. Insofern ist es nicht verwunderlich, dass die Physiker gerne von *einer* Teilchen-Urform ausgehen würden, aus der dann alles hervorgegangen ist. Dieser Wunsch hat zwar zu vielerlei Versuchen, aber bisher nicht zu einer definitiven Lösung geführt; wir sagen gleich noch mehr dazu. Zunächst aber kann man festhalten, dass es schon kurz nach dem Urknall bereits *zwei* klare Grundformen gab, die dank der verfügbaren Energie entstanden waren:

Materieteilchen und Kraftteilchen.

Die einen sind die Grundbausteine der Materie, aus denen alles aufgebaut ist; die anderen vermitteln die Wechselwirkung zwischen diesen Bausteinen. Sie sind der Kitt, mit dem die Grundbausteine zu Materie zusammengefügt sind, und sie werden auch als Boten ausgesandt, wenn Materieteilchen aufeinanderprallen, sozusagen als Signal für ein solches Ereignis.

Wenn wir Materie in immer kleinere Bestandteile zerlegen, erwarten wir, irgendwann an eine Grenze zu stoßen: die kleinsten Bausteine der Materie. Eine solche Grenze macht aber nur dann einen Sinn, wenn eine weitergehende Reduktion nicht mehr möglich ist, wenn es ein Ende der Teilbarkeit gibt. Viele frühere Versuche sind daran gescheitert. Die Atome der Chemiker bestehen aus Kernen und Elektronen, die Kerne der Physiker aus Nukleonen, Protonen und Neutronen. Letztere, so meinen wir heute, bestehen ihrerseits wiederum aus Quarks. Der römische Philosoph Lukrez, dem wir das Zitat am Kapitelbeginn verdanken, hat bereits vor mehr als zweitausend Jahren postuliert, dass die wirklich *letzten Bestandteile* der Materie nie einzeln existieren können, sondern immer nur als Teil einer Verbindung. Gäbe es sie nämlich einzeln, könnte man wiederum fragen, woraus sie denn bestünden. Deshalb, so meinte er, könnte ein solches Urteilchen immer nur existieren «als Urbestandteil eines größeren

Wolfgang Pauli (1900–1958)

Körpers, von dem keine Kraft es je trennen kann». Das wäre dann ein logisches Ende der Teilbarkeit. Und in der Tat erfüllen die Quarks diese Lukrez'sche Forderung: Sie unterliegen, in der Sprache der heutigen Physik, dem *quark confinement* – ein Quark kommt niemals allein. Nukleonen bestehen aus drei miteinander verkoppelten Quarks, und keine Kraft kann sie je spalten. Das zeigen einerseits viele erfolglose Experimente. Andererseits gibt es inzwischen auch eine Theorie für die Wechselwirkung der Quarks, und die führt auf eine solche Unteilbarkeit.

Diese Sorgen aber hatte man damals nicht, gleich nach dem Urknall. Es gab keinen leeren Raum, kein Nichts irgendwelcher Art. Die freigesetzte Energie war so groß, dass daraus eine unvorstellbar dichte Menge von Teilchen, von Quarks, entstand. Kein Quark brauchte sich zu fürchten, je allein gelassen zu werden: überall, in unmittelbarer Nähe, fanden sich immer weitere Quarks. Das führt zu einer recht amüsanten Vorstellung. Während in einem Nukleon ein Quark auf ewig mit seinen beiden Partnern verkoppelt ist («keine Kraft kann sie je trennen»), ist jedes Quark in dem dichten Gewühl der Urmaterie völlig frei: Es kann gehen, wohin es will, nirgendwo droht ein Vakuum, überall hat es in seiner Nähe ständig mehr als genügend der vom *quark confinement* geforderten Begleiter. Es kann sich also über beliebige ausgedehnte Bereiche frei bewegen, begleitet von ständig neuen Partnern. Diese Urmaterie bezeichnen wir heute als «Quark-Plasma». In verschiedenen Projekten der experimentellen Großforschung versucht man seit einigen Jahren, dieses Plasma im Labor zu erzeugen.

Es gibt aber noch einen weiteren wesentlichen Aspekt kleinster Urteilchen. Warum besteht ein Nukleon aus drei solcher Quarks und nicht aus beliebig vielen? Warum steigt die Größe eines Kerns mit der Zahl der darin enthaltenen Nukleonen an? Anscheinend muss man davon ausgehen, dass man in einem Raumelement nicht beliebig viele Teilchen unterbringen kann. Letztlich fordert jedes der Materieteilchen immer seinen eigenen, nur ihm vorbehaltenen Raum, wie klein dieser auch sein mag. Die Summe all dieser Räume mit den darin residierenden Teilchen ist dann Materie. In der Tat gibt es in der modernen Physik solche «territorialen» Teilchen, die kein anderes, identisches in *ihrem* Raum erlauben: Elektronen, Nukleonen und – als Bestandteile der Nukleonen – eben auch die Quarks. Sie alle unterliegen einem allgemeinen, von Wolfgang Pauli bereits 1925 formulierten «Ausschließungsprinzip»: Am exakt gleichen Ort können keine zwei in jeder Hinsicht identischen Teilchen dieser Art existieren.

Eine unmittelbare Konsequenz dieses Prinzips ist es dann auch, dass Atomkerne mit zunehmendem Gewicht, also zunehmender Nukleonzahl, immer größer werden.

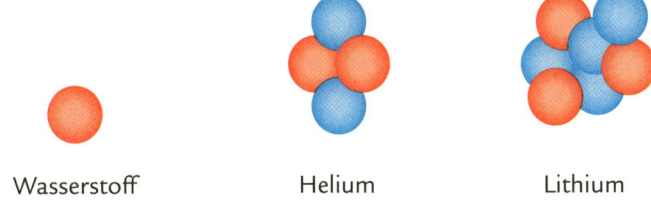

Wasserstoff   Helium   Lithium

Mit der Nukleonzahl zunehmende Kerngröße

Enrico Fermi (1901–1954)

Ein Gold-Kern enthält 200 Nukleonen, ein Helium-Kern nur vier. Da jedes Nukleon auf seinem Raum besteht, muss der Gold-Kern entsprechend viel größer sein als der Helium-Kern.

Wie vieles in der Physik, so basiert auch das Ausschließungsprinzip auf Symmetrie-Argumenten. Man stellt fest, dass in der Quantentheorie das Auswechseln von zwei identischen Teilchen am gleichen Ort nicht auf den gleichen Zustand führt, sondern auf den gespiegelten. Nun ändert sich aber durch einen solchen Austausch nichts, da die identischen Teilchen ununterscheidbar sind. Andrerseits ist jedoch ein gegebener Zustand nicht identisch mit seinem gespiegelten: Aus dem rechten Arm wird im Spiegel der linke! Daraus schließt man, dass zwei identische Materieteilchen am gleichen Ort in der Quantentheorie nicht erlaubt sind.

Teilchen mit einer solchen Symmetrie-Eigenschaft nennt man heute ganz allgemein *Fermionen*, nach dem berühmten italienischen Physiker Enrico Fermi, der die Grundlagen für die Physik dieser Teilchen entwickelt hat. Er war wohl einer der Letzten, der absolut wesentliche Beiträge sowohl zur Theorie wie auch zur Experimentalphysik geliefert hat; so war er am Anfang des Zweiten Weltkrieges maßgeblich an der Entwicklung des ersten Kernreaktors beteiligt.

Materie besteht also prinzipiell aus Fermionen, die aber miteinander in Wechselwirkung stehen. Nun weiß man seit Einstein, dass es keine unmittelbare Fernwirkung gibt. Wenn zwei Elektronen miteinander wechselwirken, so muss das eine dem anderen ein Signal senden, und die Übermittlung dieses Signals erfolgt mit einer endlichen Geschwindigkeit, nämlich mit der Lichtgeschwindigkeit. Das eine Elektron sendet also einen Boten, ein Lichtpartikel oder Photon, aus, der das zweite nach einer endlichen Zeit erreicht und ihm die gewünschte Information übermittelt.

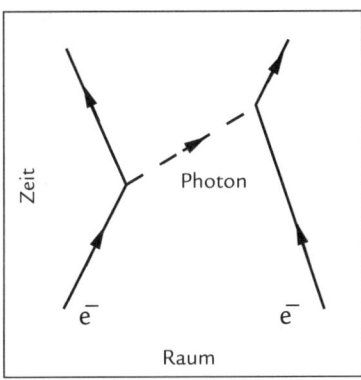

Elektron-Wechselwirkung durch Photonaustausch

Die zweite Grundform von Teilchen sind deshalb die bereits erwähnten *Kraftteilchen*, die den Informationsaustausch zwischen den Fermionen vermitteln und so auch den Kitt für die Konstruktion von Materie bilden. Sie sind kein abzählbarer struktureller Bestandteil der Materie; insofern benötigen sie auch keinen eigenen Raum. Die Anzahl von Kraftteilchen in einem gegebenen Volumen unterliegt keiner Beschränkung. Führt man in einem gegebenen Zustand von zwei solchen Teilchen eine Vertauschung durch, erhält man wieder den gleichen Zustand. Teilchen dieser Symmetrieform nennt man *Bosonen*, nach dem bengalischen Physiker Satyendra Nath Bose, der 1927 als junger Wissenschaftler in Kalkutta die wesentliche Symmetrie der

Satyendra Nath Bose (1894–1974)

Photonen bestimmt und seine Ergebnisse an Einstein geschickt hatte. Einstein erkannte unmittelbar die Auswirkungen von Boses Untersuchungen, übersetzte dessen Arbeiten ins Deutsche und sorgte dafür, dass sie unter Boses Namen in Deutschland veröffentlicht wurden. Neben den Photonen kennt man heute als verwandte Kraftteilchen die Vektorbosonen der schwachen Kernkraft, die den radioaktiven Zerfall von schweren Kernen, wie etwa Uran, erst möglich macht. Im Bereich der starken Kernkraft, bei der Wechselwirkung der Quarks, spielen die *Gluonen* diese Rolle; sie ermöglichen die Bindung von Quarks zu Protonen oder Neutronen; wir kommen darauf noch zurück.

Die Grundformen von Teilchen sind somit Fermionen und Bosonen; die einen bilden Materie, die anderen vermitteln und verkünden die Wechselwirkung zwischen den Grundbausteinen der Materie. An dieser Stelle wollen wir kurz zum Traum von *einer einzigen* Urform zurückkehren. Wäre es nicht möglich, dass Fermionen und Bosonen die Nachfahren einer einzigen Teilchensorte sind? Die beiden jetzigen Formen unterscheiden sich, wie wir gesehen haben, durch ihr Verhalten bei der Vertauschung von zwei gleichen Teilchen am gleichen Ort: die Fermionen gehen dann in den gespiegelten Zustand über, die Bosonen in den gleichen. Die Teilchen der gesuchten allumfassenden Theorie müssen also beides erlauben. Deshalb läuft diese bisher nur ansatzweise untersuchte Theorie unter dem Namen *Supersymmetrie*, mit der Kurzform *SUSY*. Nach dieser Theorie muss es in der frühesten Phase des Universums möglich gewesen sein, Fermionen in Bosonen zu verwandeln, und umgekehrt. Irgendwann hat es dann einen Übergang gegeben, bei dem diese Möglichkeit zerstört wurde; wie so etwas geschieht, werden wir in dem Kapitel «Übergänge» noch näher untersuchen. Bisher hat es diverse Versuche gegeben, eine solche supersymmetrische Theorie zu konstruieren – es ist aber bei Versuchen geblieben. Ein Ergebnis der bisher angestellten Überlegungen ist, dass es dann heute, auch nach dem Zusammenbruch der supersymmetrischen Urwelt, als Überbleibsel für jedes Teilchen noch einen «supersymmetrischen Partner» geben muss: für das fermionische *Elektron* ein bosonisches *S-Elektron*, für das bosonische *Photon* ein fermionisches *S-Photon* oder *Photino*, und so fort. Man hat diesen in der heutigen Welt vermutlich sehr schweren Partnern nicht nur Namen gegeben; man hat in Experimenten auch intensiv nach ihnen gefahndet und tut dies weiterhin. Bisher jedoch ohne jeden Erfolg.

Wie erwähnt, gibt es heute diverse Arten von Materieteilchen, die auf verschiedene Weise miteinander in Wechselwirkung stehen; somit gibt es auch entsprechend verschiedene Arten von Kraftteilchen. Damals aber, gleich nach dem Urknall, schien die Welt nur zwei Sorten zu enthalten: Urfermionen mit einer universellen Wechselwirkung, und Urbosonen, die diese Wechselwirkung vermittelten. Beide waren masselos; es gab keine Möglichkeit, verschiedene Arten von Fermionen oder Bosonen zu unterscheiden oder sie zu identifizieren. Die Information, die später zu den verschiedenen Spezies geführt hat, muss aber damals latent bereits vorhanden gewesen sein. Die scheinbar gleichen Teilchen müssen schon Eigenschaften besessen haben, die zu diesem Zeitpunkt noch keine Rolle spielten, später aber wichtig wurden. Ein Beispiel für eine solche Situation sind zwei gleich große und gleich schwere Kugeln, von denen die eine aus Eisen und die andere aus Stein besteht. Solange beide nur der Schwerkraft unterliegen, kann man sie nicht unterscheiden. Bringen wir jetzt aber einen Magneten ins Spiel, so wird die eiserne Kugel davon angezogen, die aus Stein jedoch nicht. Im Laufe der Zeit sollten aus den Urfermionen alle elementaren Bausteine unserer jetzigen Welt entstehen und aus den Urbosonen die Kraftteilchen für ihre verschiedenen Wechselwirkungen. Um zu klären, welche versteckten Eigenschaften diese Urteilchen bereits damals gehabt haben müssen, schauen wir uns an, welche grundlegenden Eigenschaften Teilchen überhaupt haben können.

Neben der Forderung nach Unteilbarkeit und einem eigenen Raum ist das Wesentliche an einem Materie-Urteilchen, dass es spezifische Attribute hat, die man irgendwie nummerieren oder abzählen kann; in Anlehnung an die Elektrizität wollen wir diese Eigenschaften *Ladungen* nennen. Wenn wir ein System von zwei geladenen Teilchen betrachten, etwa Elektronen, dann hat jedes einzelne eine elektrische Ladung –1, das Gesamtsystem aber –2. Genau diese Ladung gestattet es uns, von einem, von zwei oder von drei Teilchen zu sprechen. Was die Ladungen so immens wichtig macht, ist die auf unzähligen Experimenten beruhende Erfahrung, dass sich im Verlauf jeder Fortentwicklung ohne äußere Einwirkung die Gesamtladung eines Systems nie von selbst ändert, dass sie vielmehr eine im Laufe der weiteren Entwicklung *erhaltene Größe* ist. Wenn ein System eine vorgegebene elektrische Gesamtladung hat, etwa null, dann kann darin durch Energiezufuhr ein Teilchenpaar entstehen, ein positiv und ein negativ geladenes Teilchen, nie aber nur *ein* geladenes. Der positiv geladene Partner des Elektrons, das Positron, ist sein *Antiteilchen*. Treffen beide aufeinander, können sie einander vernichten und in Strahlung übergehen. Es muss also neben der elektrischen auch eine Form von Materieladung geben, die Elektron und Positron als Anti-Elektron entgegengesetzt ist, sodass die Summe der beiden auf null führt; man erwartet, dass auch diese Ladungsform sich nicht von selbst ändern kann.

An dieser Stelle sollten wir vielleicht erwähnen, dass zwar die elektrische sowie auch die starke und schwache Kernkraft auf diskrete, erhaltene Ladungen führen, die Schwerkraft aber nicht. Es gibt keine kleinste Masse. Das könnte ein Hinweis darauf sein, dass die Schwerkraft in der Tat von anderer Natur ist als die drei Ladungskräfte. Neuere Überlegungen zur Gravitation als *emergenter Kraft*, als kollektiver Effekt vieler Teilchen, gehen in diese Richtung. Sie haben zur Folge, dass die Suche nach einer einheitlichen Theorie aller Kräfte, einer *theory of everything*, nicht unbedingt länger sinnvoll erscheint. Ladungen haben eine unmittelbare und grundlegende Konsequenz. Die Urfermionen sind ja aus der freigesetzten Energie des falschen Urweltzustands entstanden, und das Urweltmedium hatte, soweit wir wissen, keinerlei Ladung irgendwelcher Art. Insofern sollten aus der verfügbaren Energie immer gleich viele Fermionen und Antifermionen entstanden sein. Eine solche Dualität entgegengesetzter Begriffe erscheint übrigens im menschlichen Denken an vielen Stellen als ganz natürlich: Es muss immer beides geben, Plus und Minus, Gut und Böse, Himmel und Hölle, Yin und Yang, denn am Anfang war die Welt «neutral».

Yin und Yang

Beim Gesetz der Ladungserhaltung scheint es jedoch eine Ausnahme zu geben, die den Physikern schon seit langem zu schaffen macht: Warum besteht unser Universum aus Materie, enthält aber – soweit wir wissen – im Grunde keine Antimaterie? Man kann natürlich annehmen, dass das von Anfang an so war; aber eine Erklärung von der Form «Das war eben immer so» empfinden die meisten Physiker als unbefriedigend. Insofern geht man davon aus, dass die Energieblase, aus der unser Universum entstand, zunächst noch keine Teilchen enthielt, dass also auch keine Ladung vorhanden war. Das bedeutet: Als die Energiezufuhr des Übergangs in den richtigen Normalzustand irgendwelchen «Fischen» aus dem Meer der virtuellen Teilchen das Emporkommen in die Wirklichkeit ermöglichte, da

Paul A. M. Dirac (1902–1984)

mussten, wie schon erwähnt, diese Fische immer in Paaren auftauchen, als «Fisch» und «Antifisch». Damit war die Erhaltung aller Ladungen gewährleistet. Man geht somit davon aus, dass es *vor* dem Urknall zunächst noch keine Materie im heutigen Sinne gab und dass *danach* beide Formen in gleicher Menge vertreten waren. Wie und wohin ist die Antimaterie dann aber entschwunden? Warum gibt es heute im Grunde nur noch Materie? Warum wird die elektrische Neutralität unserer Welt auf so asymmetrische Weise erreicht, durch leichte Elektronen und schwere Protonen? Darauf kommen wir noch mehrfach zurück, merken hier aber schon warnend an, dass der russische Theoretiker Mikhail Shaposhnikov vor zehn Jahren in einem Vortrag feststellte, es gebe genau 42 verschiedene Erklärungen für diese Asymmetrie, mit der Bitte, ihm eventuell übersehene weitere Erklärungen umgehend zuzusenden. So schön kann man das «Wir wissen es noch nicht» in der Physik ausdrücken.

Bevor wir angeben können, was für «Fische» im Urknall erzeugt wurden, müssen wir etwas Teilchenzoologie betreiben: Welche Arten von Materieteilchen gibt es heute eigentlich? Nach dem eben Gesagten ist das die Frage nach der Art von Ladungen in der Natur. Diese

Frage ist seit Jahren ein zentrales Thema der Teilchenphysik. Mithin müssen wir uns zunächst ein wenig mit den Erkenntnissen dieses Bereiches der Physik befassen. Dort kennt man einerseits die bereits erwähnten Träger der kleinsten Einheit der elektrischen Ladung, die Elektronen, sowie ihre Antiteilchen, die Positronen, die eine entgegengesetzte Ladung tragen. Das Elektron ist aus der Atomstruktur schon recht lange bekannt; das Positron aber wurde erst 1928 von Dirac vorhergesagt, genau auf der Basis der postulierten Ladungserhaltung, die heute für alle Formen von Ladung angenommen wird. Kurze Zeit später wurde das Positron von Carl Anderson dann auch experimentell nachgewiesen. Sowohl der Theoretiker als auch der Experimentator erhielten dafür den Nobelpreis.

In unserer heutigen, elektrisch neutralen Welt wird in Atomen die negative Ladung der Elektronen durch die positive der Kerne kompensiert. Im Gegensatz zu den Elektronen sind die Kerne aber zusammengesetzte Gebilde, bestehend aus Nukleonen, also aus positiv geladenen Protonen und elektrisch neutralen Neutronen. Die Nukleonen ihrerseits bestehen wiederum, wie bereits erwähnt, aus noch kleineren Einheiten, den *Quarks*. Das Schema, nach dem aus Quarks Nukleonen gebildet werden, ist etwas komplizierter, basiert aber ebenfalls auf der Forderung der Ladungserhaltung. Es führt dazu, dass es zwei Arten von Quarks geben muss, um die Nukleonen zu erzeugen, aus denen unsere normale Welt besteht; man bezeichnet sie als *u*- und *d*-Quarks, nach dem englischen *up* und *down*. Dabei muss das *u*-Quark die elektrische Ladung +2/3 haben, das *d*-Quark -1/3. Ein Proton besteht dann aus *uud*, ein Neutron aus *udd*.

Solche bruchzahligen elektrischen Ladungen sind in der Natur nie beobachtet worden – was aber nicht weiter problematisch ist, da Quarks ja nur gebunden vorkommen. Wir erinnern daran: Keine Kraft kann sie je trennen. Wegen der erwähnten Ur-Symmetrie muss es natürlich auch die entsprechenden Antiquarks geben, aus denen dann Antiprotonen hervorgehen, die sich heute zwar im Labor erzeugen lassen (es gibt sie also!), die aber in der Welt kaum noch frei vorkommen.

Was soll hier «kaum noch» heißen? Im Weltraum fliegen vereinzelt ungebundene Teilchen umher, etwa Protonen und Elektronen, einsame kosmische Wanderer. Wenn zwei genügend energetische Protonen aufeinanderprallen, können sie ein zusätzliches Proton-Antiproton-Paar erzeugen. Das so entstandene Antiproton kann nun seinerseits so lange weiterfliegen, bis es das Pech hat, auf ein Proton zu treffen. Dann vernichten die beiden einander und gehen in elektromagnetischer Strahlung auf. Solche «kosmischen» Antiprotonen gibt es – sie sind zwar selten, aber sie lassen sich auch hier auf der Erde mit Detektoren nachweisen.

Quarks und Antiquarks wechselwirken nicht nur untereinander – um etwa Nukleonen oder Antinukleonen zu bilden –, sondern auch mit den Elektronen. In der Untersuchung von solchen Wechselwirkungen trat noch ein weiteres, etwas gespenstisches Teilchen in Erscheinung, das *Neutrino*. Es ist fast oder ganz masselos. Es zeigte sich nämlich, dass beim Zerfall eines Neutrons in ein Proton und ein Elektron die Energien der beiden Zerfallsprodukte nicht die Masse des Neutrons ergaben, sondern weniger: Die fehlende Energie hatte das Neutrino erhalten. Der Neutronzerfall sieht also in der Tat so aus: $n \rightarrow p + e^- + \bar{\nu}$. Elektronen und Neutrinos bezeichnet man zusammenfassend als Leptonen, nach dem griechischen *leptos = leicht*. Leptonen tragen eine erhaltene Leptonladung, Antileptonen die entgegengesetzte. Daher führt der Neutronzerfall eben auf ein Antineutrino ($\bar{\nu}$). Außerdem ist es möglich, dass sich zum Beispiel ein Quark und ein Antiquark entsprechender Ladungen gegenseitig vernichten, um ein Elektron und ein Antineutrino zu erzeugen.

Die für uns hier wesentlichen Spezies von Materieteilchen sind demnach:

- die Quarks und
- die Leptonen

In beiden Fällen gibt es die entsprechenden Antiteilchen, also Antiquarks und Antileptonen. Neben der elektrischen tragen die Quarks auch eine Materieladung, ihre *Baryonzahl* – nach dem griechischen *barys = schwer*, da aus den Quarks ja die im Vergleich zu den leichten Elektronen viel schwereren Nukleonen aufgebaut sind. Die Antiquarks haben die entgegengesetzte Baryonzahl, ebenso die entgegengesetzte elektrische Ladung. Damit bleiben bei der Erzeugung eines Quark-Antiquark-Paares beide Ladungsformen erhalten, mit anderen Worten, die Summe ergibt null für die Baryonladung wie auch für die elektrische Ladung. Für die Leptonen gilt dem Sinne nach das Gleiche: Sie haben eine elektrische und eine Leptonladung, die *Leptonzahl*, die sich beide bei den Antileptonen umkehren. Die Erhaltung der Baryon- und der Leptonladung, die heute absolut zu gelten scheint, kann das aber offensichtlich nicht schon immer getan haben, wenn es am Anfang gleich viel Materie und Antimaterie gegeben hat. Irgendwann muss deshalb die entsprechende Symmetrie gebrochen worden sein, um unser heutiges Materie-dominiertes Universum zu erzeugen, das aus Nukleonen (Baryonen, nicht Antibaryonen) und Elektronen (Leptonen, nicht Antileptonen) besteht.

Wenn man den Ursprung der Materieteilchen noch weiter vereinheitlichen will, kann man sich vorstellen, dass es im sehr frühen Universum nur eine Urfermionenform gegeben hatte, die sich dann später in Quarks und Leptonen aufspaltete. In einer solchen Urform wären alle Teilchen masselos – es gäbe keinen Maßstab, keine Skala mehr, und nur noch eine Form von Wechselwirkung, von der Schwerkraft abgesehen. Eine Theorie für eine derartige Welt der «großen Vereinigung», eine *grand unification theory* oder GUT, ist allerdings bisher noch mehr Traum als Wirklichkeit, das bislang unerreichte Ziel von viel intensiver Forschung.*

---

* An dieser Stelle sollten wir vielleicht den Unterschied zwischen GUT und SUSY klarstellen. In einer supersymmetrischen Theorie (SUSY) versucht man, alle Teilchen, sowohl Fermionen als auch Bosonen, als verschiedene Zustände eines einzigen Urteilchens zu beschreiben, also Materie- und Kraftteilchen zu vereinigen. Die sogenannte «große Vereinigung» (GUT) ist trotz des Namens tatsächlich kleiner: Sie fasst die verschiedenen Materieteilchen, Quarks und Leptonen, zu einer Form zusammen und dann die verschiedenen Kraftteilchen (Photonen, Gluonen, elektroschwache Bosonen) zu einer zweiten Form, belässt aber Materieteilchen und Kraftteilchen als separate Zustände.

Da in einer solchen GUT-Beschreibung Quarks und Leptonen verschiedene Zustände eines Urfermions sein müssten, wäre nun aber auch die Möglichkeit von Quark-Lepton-Übergängen gegeben; aus einem Quark könnte

Mithin wären wir auf eine weitere wichtige Schwelle in der Entwicklungsgeschichte der Teilchen im sehr frühen Universum gestoßen. Es gab einen Zeitpunkt, an dem die Quarks und die Leptonen ihren gemeinsamen Weg beendeten. Von da an musste in jeder Reaktion die Gesamtzahl der Quarks, also Quarks minus Antiquarks, und die der Leptonen, also Leptonen minus Antileptonen, unverändert bleiben. Wenn ein Quark-Fisch an die Oberfläche kommt, muss ihn ein Antiquark-Fisch begleiten, ebenso bei den Leptonen. Da es heute in unserer Welt viel Materie, aber keine freie Antimaterie gibt, musste die entsprechende Symmetrie von Teilchen und Antiteilchen zu diesem Zeitpunkt gerade gebrochen worden sein, sodass wir das Ende der Epoche der großen Vereinigung als

die Geburt der Materie

bezeichnen können. Beim Übergang in die nächste Epoche gab es ein paar mehr Quarks als Antiquarks, ein paar mehr Elektronen als Positronen. Verhältnismäßig waren das nicht sehr viele: Schätzungen ergeben auf 30 Millionen Antiquarks lediglich ein Quark mehr als 30 Millionen! Aber dieser winzige Überschuss sollte von nun an erhalten bleiben, und er hat letztendlich dazu gereicht, die gesamte Materie unseres Universums zu erzeugen. Kleine Ursachen

---

ein Lepton werden, und umgekehrt. Damals, vor dem Ende der einheitlichen Welt, hätte es durchaus Fluktuationen in Zustände mit mehr Quarks als Antiquarks geben können, und auch solche mit mehr Leptonen als Antileptonen. Ein Überschuss von Quarks und Leptonen zu dem Zeitpunkt, als die Epoche der großen Vereinigung schlagartig zu Ende war und die Brücken zwischen Quarks und Leptonen abgebrochen wurden, würde eine Erklärung liefern für die Tatsache, dass die Symmetrie von Materie und Antimaterie, die beim Urknall noch galt, dann kurze Zeit später, am Ende der GUT-Epoche, tatsächlich gebrochen wurde. Damit erst wurde unsere Welt in ihrer heutigen Form möglich: denn es gibt in ihr Materie, aber, soweit wir wissen, keine entsprechende Antimaterie mehr.

können also große Auswirkungen haben. Wie, das werden wir noch sehen.

Bis jetzt sind aber noch alle Fermionen masselos, sowohl die Quarks wie auch die Elektronen. Heute haben diese Teilchen Massen, aber damals noch nicht. Wann, wo und wie sind die entstanden? Was sind Massen überhaupt? Einerseits beschreiben sie ja den Widerstand gegen Kräfte ganz allgemein, als *Inertialmassen*, andererseits messen sie insbesondere die Stärke der Schwerkraft, als *Gewichte*. Sind Massen so etwas wie Ladungen der Schwerkraft? Gibt es eine kleinste Masse als Ladungseinheit der Schwerkraft, analog zur Elektronenladung der Elektrodynamik? Neuere Überlegungen deuten an, dass das nicht der Fall ist. Massen sind danach eine «emergente», eine dynamisch erzeugte Eigenschaft. Sie waren nicht schon immer da, sondern entstanden im Laufe der Zeit durch Wechselwirkung. Wie kann eine solche *dynamische Massenerzeugung* stattfinden?

Anders gefragt: Wie kann ein masseloses Teilchen plötzlich massiv werden? Das ist ein ganz allgemeines Problem in der Physik, und so wollen wir es zunächst auch allgemein betrachten. In der einfachsten Vorstellung ist Massengewinn eine Art Schneeball-Effekt: Ein kleiner, leichter Schneeball wird durch Rollen im Schnee größer und schwerer, weil er Flocken des Mediums an sich zieht und sie zu einem Teil des Balls macht. So etwas kann im Grunde genommen immer dann passieren, wenn anziehende Wechselwirkung vorliegt. Dann wird eine bestimmte Menge des Mediums in zusätzliche Masse des Teilchens umgewandelt. Ein recht bekannter Fall ist ein Plasma von positiv und negativ geladenen Teilchen, die ansonsten identisch sind. Hier stellt sich im Laufe der Zeit eine Gleichverteilung ein – die Ladungen kompensieren einander auf lokaler Ebene, das heißt, in jedem gegebenen Volumen sind gleich viele positive wie negative.

Bringen wir nun in dieses System ein neues Teilchen mit starker negativer Ladung ein, dann werden sich die positiven Plasmateilchen zu dieser Ladung hingezogen fühlen, sie wiederum kompensieren und so ein neues, größeres Gebilde schaffen, das im Mittel wieder neutral ist. Im Endeffekt kann sich jetzt ein größeres und auch schwereres Gebilde, die eingeführte negative Ladung mitsamt der Wolke positiver Ladung darum herum, als neutrales System frei im Plasma

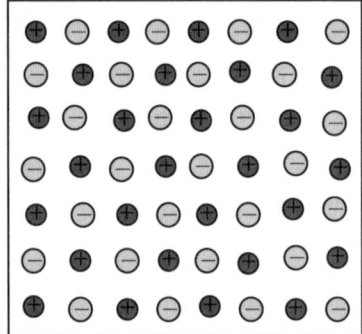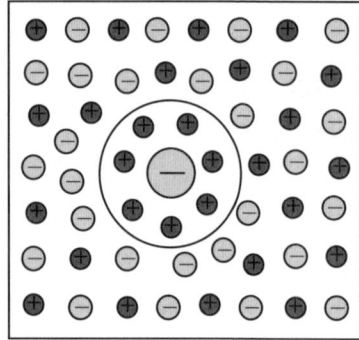

Massenerzeugung durch Ladungspolarisierung

bewegen. Die *Polarisierung* der Plasmaladungen um den Eindringling hat diesem also eine neue, größere Masse verschafft. Und dabei handelt es sich in der Tat um eine Inertialmasse. Wenn wir versuchen, die neue Ladung mit Hilfe irgendeiner Kraft durch das Plasma zu bewegen, so müssen wir die an ihr hängenden entgegengesetzten Ladungen mitbewegen. Die Polarisierung hat also tatsächlich die Masse erhöht. Wir werden noch auf verschiedene weitere Beispiele eines solchen Mechanismus zur Massenerzeugung treffen.

Dieser Mechanismus wird jedenfalls heute ganz allgemein, wenn auch in verschiedenen und komplexeren Versionen, als der Ursprung der Massen betrachtet. Teilchen haben also verschiedene inhärente Etikette – elektrische Ladung, Materieladung, Spin und mehr; wir kommen darauf zurück. Die Massen aber gehören wohl nicht dazu, und auch nicht die räumlichen Größen der Teilchen. Gab es vor der Massenerzeugung schon eine Schwerkraft zwischen zwei Quarks, wie schwach auch immer? Das ist eine sehr grundlegende, aber bis heute noch nicht endgültig beantwortete Frage.

Bisher haben wir noch nicht erwähnt, was denn eigentlich der «Schnee» sein könnte, aus dem die Urfermionen ihre Massen beziehen. Darauf werden wir im folgenden Kapitel näher eingehen; neben den Urfermionen und den Urbosonen muss es irgendein weiteres Feld gegeben haben, das die Rolle des massenerzeugenden Schnees spielt. Schon jetzt wird aber ein weiterer Aspekt der Massenerzeugung deutlich. Wenn der Schneeball zu schnell über den Schnee gerollt wird, kann er keine weiteren Flocken einsammeln. Und auch die neue, starke Ladung im Plasma braucht eine gewisse Zeit, um entgegengesetzte Ladungen um sich zu versammeln. Das heißt: Erst als das Universum nach dem Urknall genügend abgekühlt war, also die Urfermionen nicht mehr ganz so schnell umherflogen, konnte die Massenerzeugung einsetzen. Die Quarks wie auch die Leptonen bekamen dadurch schon in dieser etwas kühleren Frühphase kleine, aber endliche Massen von wenigen Megaelektronenvolt (MeV), in den Einheiten der Teilchenphysik: sie wurden somit nur etwas schwerer als heute ein Elektron.

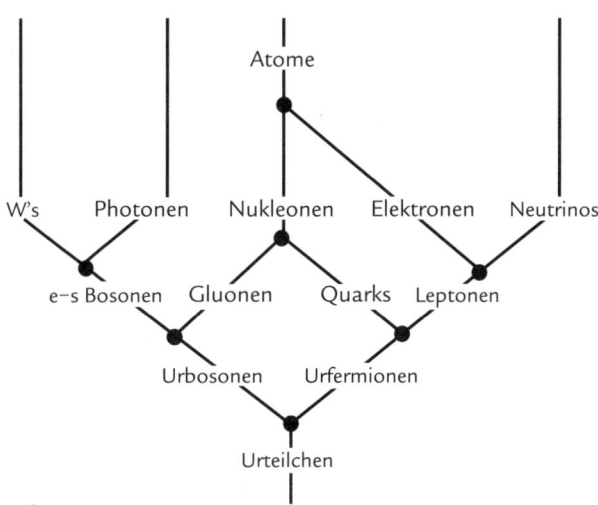

Der Teilchenstammbaum

Um einen Überblick zu bekommen, haben wir hier noch einmal die erwähnten Teilchen zu einem Stammbaum zusammengefasst, wobei wir die elektroschwachen Bosonen mit «e–s» und die W-Bosonen mit «W's» abkürzen. Wie in einem Familienstammbaum gibt es auch hier einige Mitglieder, die uns näherstehen als andere. Aus Quarks und Gluonen entstanden die Nukleonen, die unsere eigene Masse bestimmen. Aus Nukleonen und Elektronen wurden mit Hilfe der Photonen neutrale Atome geformt, aus denen wir bestehen. An dieser Stelle kann man sich auch fragen, ob es eigentlich heute, in unserer jetzigen Welt, noch Teilchen gibt, die schon seit dem Urknall dabei sind. Wir werden sehen, dass das wohl eher nicht der Fall ist. Alle Teilchen sind im Laufe der Entwicklung durch verschiedene Wechselwirkungsstufen gelaufen, in denen ihre Art vernichtet und auch wieder erzeugt werden konnte oder in denen durch Kombination vorhandener Teilchen neue Formen entstanden.

Ansonsten ist der Stammbaum nur sehr schematisch gemeint; wie in seinem zoologischen Gegenstück entstanden auch hier mit fortschreitender Entwicklung immer mehr Unterspezies. Was ihn hingegen von einer biologischen Evolution unterscheidet, ist der Übergang von einer Altersstufe zur nächsten. Am Anfang wechselwirkten die Urfermionen miteinander durch den Austausch von Urbosonen; es gab nur eine Urkraft. Wieso spalteten sich dann im Laufe der Zeit diese Urteilchen in die Vielfalt der heute vorhandenen Teilchensorten auf? Das Einzige, was sich änderte, war die Temperatur: Das Universum dehnte sich immer weiter aus und kühlte dabei immer weiter ab. Die sinkende Temperatur muss also die Struktur der Welt verändert haben, so wie sie Wasserdampf in Dampf oder Wasser in Eis verwandelt. Solche Übergänge werden wir deshalb in Kapitel 4 näher untersuchen.

Hier wollen wir aber noch kurz zu einer Frage zurückkehren, die viele Physiker in den letzten Jahren ganz wesentlich beschäftigt hat. Wenn wir uns vorstellen, dass aus Urfermionen in einem Übergang Quarks und Leptonen entstanden sind: Wie und warum unterscheiden sie sich? Wir haben Etikette, um die verschiedenen Formen zu benennen, aber wir haben nicht geklärt, warum es verschiedene Formen gibt. Warum gibt es sechs Arten von Quarks? Oder drei Arten von Elektronen? Diese Frage erinnert uns daran, dass man früher ja auch gefragt hat, warum es soundsoviele Arten von Atomen gab. Können wir die vielen diversen Bausteine, Quarks, Leptonen, Bosonen, nicht doch vielleicht als verschiedene Formen von etwas «Elementarerem» auffassen? Das ist das Ziel der sogenannten *String-Theorie*, die es seit etwa dreißig Jahren in verschiedenen Formen gibt. Sie geht davon aus, dass alle unsere Grundbausteine so etwas wie Vibrationsanregungen von winzig kleinen Saiten sind; die verschiedenen Teilchen sind dann verschiedene Schwingungszustände dieser Saiten. Eine solche Vorstellung ist ja eine natürliche Fortsetzung des bisher immer sehr erfolgreichen Reduktionismus, und es erscheint natürlich schon verführerisch, sechs verschiedene Quarks und dann noch sechs verschiedene Leptonen als zwölf verschiedene Schwingungszustände einer elementaren Saitenform zu erklären. Das und die Tatsache, dass die String-Theorie auf einen sehr elaboraten, neuen mathematischen Formalismus führt, erklärt, weshalb sich so viele Theoretiker diesem Komplex zugewandt haben. Nur scheint bisher der Weg zu einem solchen Ziel noch nicht so recht gefunden. Bisherige Formen erfordern eine Welt von mehr als den uns bekannten vier Dimensionen der Raumzeit; so basieren die gängigsten Modelle auf elf Dimensionen, von denen sieben Raumdimensionen effektiv als sehr viel reduzierter erscheinen, so wie etwa aus dem Flugzeug die Erde im Wesentlichen flach erscheint, weil die Höhe von Bäumen oder Häusern sehr viel kleiner ist als die Ausdehnung des sichtbaren Flächenbereichs. Ob allerdings die Reduzierung der Zahl von Teilchensorten bei gleichzeitiger Erhöhung der Raumdimensionen wirklich eine Vereinfachung bedeutet, bleibt abzuwarten. Zudem sagen derartige Theorien, wie schon im Zusammenhang mit SUSY erwähnt, weitere, bisher noch nicht gefundene Teilchensorten vorher. Sollten diese tatsächlich in Beschleuniger-Experimenten gefunden werden, würde das natürlich String-Theorien einen gewaltigen Auftrieb geben.

Bisher fehlte aber noch ein heute ganz wesentlicher Teil des Universums: der leere Raum, die Bühne für alles Geschehen. Wir bleiben dabei im Weiteren bei den uns geläufigen drei Raumdimensionen und einer Dimension für die Zeit. Durch den Übergang vom falschen in den richtigen Grundzustand war so viel Energie freigesetzt, dass sich daraus ein extrem dichtes System der verschiedenen Formen von Urteilchen bildete. Überall waren irgendwelche Teilchen, den heute so dominanten, leeren interstellaren Raum, den gab es noch nicht. Im nächsten Kapitel werden wir untersuchen, wie dieser entstanden ist.

In Wirklichkeit gibt es nur Atome im leeren Raum.

Demokrit, 400 v. Chr.

3. Der leere Raum

ist aus verschiedenen Gründen eine Idealisierung; ganz leer ist er wohl nie. Dabei denken wir nicht an die virtuellen Teilchen, die unter der Oberfläche des Vakuums auf Energie zu ihrer Entstehung warten; sie sind ja in der Tat noch nicht vorhanden und lassen den Raum leer. Als reale Form enthält der Raum die erwähnte dunkle Restenergie, die ihn zwar immer weiter auseinandertreibt, ihm aber darüber hinaus keine Inhaltsform, keine Strukturen oder Gebilde liefert. Diese Energie ist außerdem von sehr niedriger Dichte, viel zu niedrig für irgendeine Art von Teilchenerzeugung, und konstant über den gesamten Raum verteilt, mit einem Gegenwert von etwa sieben Nukleonmassen pro Kubikmeter. Noch leerer geht es nicht. Was sonst noch hinzukommt, ist die bereits erwähnte kosmische Hintergrundstrahlung, die ebenfalls den gesamten Raum ausfüllt, heutzutage allerdings mit tausendfach geringerer und durch die Expansion noch ständig abnehmender Energiedichte. In diesem «leeren Raum» gibt es schließlich noch Materie, wenn auch sehr ungleich verteilt. Wenn wir von aller sichtbaren Materie unseres Universums ausgehen, dann ergibt sich im Mittel etwa ein Nukleon pro Kubikmeter. Da die Nukleonen aber hauptsächlich in Sternen und anderen Himmelskörpern zu finden sind, ist der dazwischen liegende interstellare Weltraum doch ziemlich leer, was Materie betrifft. Er ist jedenfalls das Leerste in unserem Universum, das physikalische Vakuum.

Damals jedoch, im frühen Universum, gab es überhaupt keine Art von *leerem* Raum, die Teilchendichte war immens, es war überall irgendetwas. Selbst das Raumvolumen eines einzigen heutigen Nukleons, also etwa eines Protons, enthielt noch eine große Zahl von Quarks und Antiquarks. Es gab kein physikalisches Vakuum, der leere Raum musste erst entstehen. Die Möglichkeit dafür liegt in der Natur der starken Kernkraft, die die Quarks zu Nukleonen bindet. Elektronen sind «richtige» Teilchen: Man kann sie isolieren, einzeln betrachten, man kann in einem Kubikmeter Vakuum ein einziges Elektron unterbringen. Bei den Quarks geht das nicht, sie sind *Urbestandteile* und verhalten sich eher wie magnetische Pole: Es gibt einen Plus- und einen Minuspol, aber einzeln kann man diese nicht «halten». Bei dem Versuch, einen Magneten in seine beiden Pole zu zerlegen, erhält man lediglich zwei Magnete, die wiederum aus beiden Polen bestehen.

Bei den Quarks ist es ähnlich. Es gibt, wie wir bereits gesehen haben, Nukleonen, in denen drei Quarks miteinander verbunden sind. Hinzu kommen noch Quark-Antiquark-Paare – in der heute verwandten Klassifizierung ist so ein Paar ein *Meson*, ein stark wechselwirkendes Teilchen, das zum Beispiel in Proton-Proton-Stößen erzeugt wird. Die Symmetrie, die bei der starken Kernkraft die Zusammensetzung der Quarks zu Nukleonen oder Mesonen bestimmt, ist etwas komplizierter als die Plus-minus-Form der Elektrodynamik. Die für die starke Kernkraft zuständige Ladung kann *drei* Werte annehmen, die man üblicherweise als *Farben* bezeichnet, etwa *Rot, Blau, Grün;* die daraus resultierenden Objekte entstehen durch die Überlagerung dieser Farben. Will man nun ein ladungsneutrales, also ein farbloses Gebilde erzeugen, dann kann man entweder Rot und Antirot nehmen bzw. Blau oder Grün und die entsprechenden Antifarben oder eine Überlagerung der drei Grundfarben, die ebenfalls farblos wird. Die wesentliche Aussage der Theorie der starken Kernkraft, der sogenannten *Quantenchromodynamik,* ist, dass nur *farblose,* also farbneutrale Systeme frei existieren können. *Eine* Möglichkeit für ein solches Medium ist ein Plasma hoher Dichte von ungebundenen Quarks, in dem alle Farben gleich häufig vorkommen und gleich verteilt sind. Genau das war auch die Form des frühen Universums: überall Quarks dicht beieinander, nirgendwo ein Fleckchen leerer Raum.

Den kleinstmöglichen farbneutralen Zustand erhält man, wenn man entweder ein Quark und ein Antiquark oder aber drei Quarks in einem kleinen räumlichen Gebiet farblich so zusammensetzt, dass daraus erlaubte, also farblose Teilchen werden. Mit anderen Worten: Quarks können in der heutigen Natur, im leeren Raum, nur existieren in der Form von farbneutralen, zusammengekoppelten Quark-Antiquark-Paaren (Mesonen) oder in Quark-Trios (Nukleonen). Diese kleinsten freilebenden Einheiten der starken Wechselwirkung bezeichnet man als *Hadronen*, nach dem griechischen *hadros = dick*. Man wollte mit dieser Benennung ausdrücken, dass ein Proton fast zweitausendmal schwerer ist als ein Elektron, das zu den *Leptonen* zählt (von *leptos = leicht*). Die Verkopplung von Quarks zu Hadronen, als eine Form von starker Wechselwirkung, wird durch die Botenteilchen der Quantenchromodynamik, die *Gluonen* (nach dem englischen *glue* = Klebstoff), vermittelt. Sie müssen auch Farbladungen tragen, um den Quarks Farbübergänge zu gestatten. So ist ein rotgrünes Gluon notwendig, um ein rotes Quark mit einem grünen zu verbinden; man kann damit dann zum Beispiel drei farbige Quarks zu einem farblosen Nukleon kombinieren.

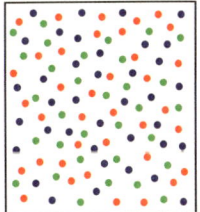 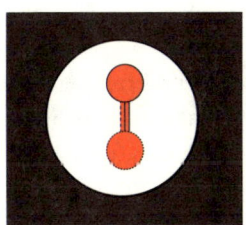 

Daseinsformen von Quark-Zuständen: Quark-Plasma, Meson, Nukleon

Quarks können, wie gesagt, nur dann existieren, wenn sich in unmittelbarer Nähe andere Quarks oder Antiquarks befinden, mit denen sie eine farblose Kombination bilden. Die Hadronen haben im Allgemeinen eine universelle Größe, einen Radius von etwa einem Femto-

meter (10^{-15} Meter); daraus können wir schließen, dass dies die größte
Entfernung ist, auf die man ein Quark von seinen Begleitern trennen
kann. Weiter schafft es, nach Lukrez, keine Kraft. Damit ist auch festgelegt, wie groß die geringste Dichte eines Quarkplasmas sein kann:
Es muss mindestens ein Quark pro Kubik-Femtometer (10^{-45} Kubikmeter) enthalten. Und wenn diese Dichte nicht mehr vorliegt? Dann
entsteht eine neue Zustandsform der Welt: unsere heutige.

Das frühe Universum befand sich in stetiger Ausdehnung und
gleichzeitig in stetiger Abkühlung. Die Zahl der Quarks wurde also
nicht größer und ihre Dichte mithin notwendigerweise geringer.
Irgendwann musste deshalb ein Bruchpunkt kommen. Die Quark-
dichte sank auf den kritischen Wert von einem Quark pro Kubik-
Femtometer; ungebunden konnten die Quarks nun nicht weiter
existieren. Das Ganze wurde damit zu einer Art kosmischer «Reise
nach Jerusalem». An diesem kritischen Punkt musste jedes Quark
entweder ein Antiquark ergreifen oder zwei weitere Quarks, damit
ein überlebensfähiges Hadron entstand. Und ein solches Hadron
war nun wirklich *frei* – zwischen zwei Hadronen konnte beliebig viel
leerer Raum entstehen:

Das physikalische Vakuum

war geboren. Diese Geburt definierte gleichzeitig auch zum ersten
Mal in unserem Universum eine messbare Skala: die kritische Dichte,
bei der das Quarkplasma in ein Gas freier Hadronen übergeht. Diese
Skala, so weiß man heute, ist definiert durch den Grenzwert von
einem Femtometer, die Entfernung, auf die man Quarks voneinan-
der trennen kann. Weiter geht es prinzipiell nicht, dann bilden sich
Hadronen, und zwischen ihnen gibt es nun den sogenannten leeren
Raum.

Aber es passiert noch mehr bei diesem Übergang. Im Bereich
hoher Dichten bestand das Medium aus wechselwirkenden Quarks
und Antiquarks mit Gluonen als Kraftteilchen. Die Quarks hatten
zwar inzwischen eine kleine, aber endliche Masse, die sie durch die

Wechselwirkung mit dem «Urschnee»-Feld erhalten hatten – das war die erwähnte «erste» dynamische Massenerzeugung. Die Gluonen waren nach wie vor masselos und bildeten jetzt für die Quarks ein neues, sehr viel stärker wirkendes Hintergrundfeld. Es wiederholte sich nun erneut der gleiche Prozess dynamischer Massenerzeugung: Sobald die Quarks sich genügend langsam durch das Gluonfeld bewegten, ballten sich Gluonen um jedes Quark und gaben ihm so eine neue, wesentlich größere Masse. Die Gluonen mussten nun also zwei Funktionen erfüllen: den Quarks eine effektive Masse geben und darüber hinaus die Wechselwirkung zwischen den betreffenden Quarks vermitteln, insbesondere sie letztendlich zu Hadronen binden.

Die aus dem Urfeld erzeugte Masse war wenige Megaelektronenvolts (MeV) für die Quarks; die neue, aus der Wechselwirkung mit dem Gluonfeld erzeugte liegt aber bereits um die 300 MeV, also ein Drittel der Protonenmasse. Es sind diese im Gluonfeld sehr viel massiver gewordenen Quarks, die sich nun zu Hadronen kombinieren; die Nukleonmasse steigt auf das Dreifache, also auf etwa 900 MeV, und die typische Mesonmasse um das Doppelte, auf 600 MeV. In anderen Worten: Sowohl die Gluon-bestimmte, effektive Quarkmasse wie auch die letztendlich aus diesen Quarks erzeugte Nukleonmasse sind beides wieder emergente, durch Wechselwirkung erzeugte Größen und keine inhärenten Parameter des Systems. Es sind diese Massen, die wir heute im Auge haben, wenn wir von Massen reden. Die 80 Kilogramm eines Menschen haben wenig zu tun mit den Urfeldmassen der Quarks; sie entstehen aus den effektiven Massen der Quarks im Gluonfeld und den daraus gebildeten Nukleonmassen.

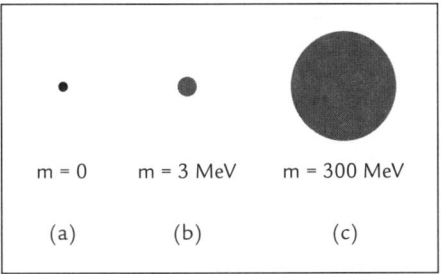

Evolution der Quark-Masse:
Urquark (a), primäre (Urfeld)
Masse (b) und effektive
(Gluonfeld) Masse (c)

m = 0   m = 3 MeV   m = 300 MeV

(a)   (b)   (c)

Im Prinzip könnte die abnehmende Energiedichte des Mediums also auf *zwei* Stufen führen. Zunächst ergibt sich durch die Polarisierung des Gluonfeldes die neue, größere Quarkmasse; anschließend koppeln sich diese massiven Quarks zu Hadronen. Nach allen Berechnungen wissen wir heute aber relativ sicher, dass die beiden Vorgänge im frühen Universum gleichzeitig stattfanden – warum, weiß man nicht so recht. Im Hadronisierungsübergang erhielten die Quarks sowohl ihre größere, effektive Masse und verkoppelten sich gleichzeitig zu farbneutralen Hadronen. Aus dem Plasma farbiger Quarks wurde nun ein Hadrongas: Es beginnt die *Hadron-Ära.* Im Gegensatz zu den farbigen Quarks, deren Abstand nie mehr als einen Femtometer betrug, kann jetzt zwischen den Hadronen beliebig viel leerer Raum existieren: das physikalische Vakuum. Die Geburt des Vakuums war sicherlich eines der vier wesentlichen Ereignisse in der Entstehung unseres Universums.

–   Das erste Ereignis war die Fluktuation der Urwelt, die zu der explodierenden Blase führte, die *unsere* Welt werden sollte.
–   Das zweite war der Absturz vom falschen in den richtigen Normalzustand, der die *Energie* freisetzte, die zur Bildung unseres Universums notwendig war.
–   Das dritte war der Übergang von einer Welt mit gleich vielen Materieteilchen und Antimaterieteilchen in eine, in der *Materie* dominierte.
–   Und das vierte war nun die Bindung der Quarks zu farbneutralen Hadronen, die zum ersten Mal *leeren Raum* ermöglichte.

Damals entstand das, was heute den überwiegenden Teil unserer Welt ausmacht: Raum ohne jede Form von Materie. Man muss natürlich vorsichtig sein – da dieser Raum sich ständig und sogar immer schneller ausdehnt, wissen wir, dass Nichts nicht Nichts ist. Es gibt, wie schon erwähnt, die dunkle Energie, ein Erbe der Urwelt, aus der unsere Welt entstanden ist. Aber dieses mysteriöse Medium ist in gewisser Weise eine Eigenschaft des leeren Raums – es ist jedenfalls nicht etwas, das wir als Materie betrachten.

Woraus bestand damals, kurz vor und gleich nach der Hadronisierung, die Materie unseres Universums? Die Träger der starken Wechselwirkung, Quarks und Gluonen, waren zunächst dominant und machten mehr als 80 Prozent der gesamten Energie aus. Bis zum Zeitpunkt der Hadronisierung kann man also von einer *Quark-Ära* sprechen. Im Zuge der Hadronisierung ging der Anteil der Gluonfelder in die effektiven Massen der Quarks und in ihre Bindung zu Hadronen ein; es gab nun ein Gemisch von Hadrongas und Leptongas im leeren Raum. Zunächst noch dominierte das Hadrongas. Doch konnten sich nun ein Hadron und ein Antihadron gegenseitig vernichten und dadurch elektromagnetische Strahlung erzeugen. Solange das Gas genügend heiß war, brachte die umgekehrte Reaktion auch wieder Hadronen in das System. Mit abnehmender Temperatur aber ergab sich immer mehr eine Einbahnrichtung: Hadronen zu Strahlung. Die Hadron-Ära ging zu Ende, sobald die Temperatur nicht mehr ausreichte, um Hadron-Antihadron-Paare zu erzeugen. Mit den Leptonen geschah später dasselbe, wie wir gleich sehen werden. Und daraus ergab sich eine furchtbare Gefahr: Hätte es im Universum gleich viele Hadronen und Antihadronen gegeben, insbesondere gleich viele Nukleonen und Antinukleonen, dann wäre deren Vernichtung vollständig geworden und es würden heute im Universum keine Atome und keine Materie existieren. Unsere irdische Welt wäre nie entstanden.

Der geringe Überschuss an Quarks,

der am Ende der großen Vereinigung, der GUT-Ära, geblieben war, dieses eine Quark mehr auf dreißig Millionen Quarks und Antiquarks, ergab auf lange Sicht die gesamte Basis für unsere Welt. Die dreißig Millionen Quark-Paare damals bildeten zunächst Hadronen und Antihadronen, etwa Protonen und Antiprotonen. Diese haben sich dann aber gegenseitig vernichtet und in Strahlung aufgelöst. Nur für das eine Quark war kein Antiquark vorhanden; so entging es der Vernichtung. Es musste zwei weitere Überlebende finden, um dann mit ihnen ein farbloses Nukleon zu bilden, das nun unwiderruflich im leeren Raum existieren konnte. Die Quarks und die daraus entstandenen Nukleonen bildeten jetzt eine winzige Minderheit; die Teilchen im Universum waren nun hauptsächlich Elektronen, Positronen, Neutrinos und Photonen. Damit war die Hadron-Ära zu Ende, und die Lepton-Ära begann.

Wie schon erwähnt, ereilte die Leptonen nur wenig später ein ähnliches Schicksal: Elektron-Positron-Paare vernichteten einander, es blieb nur ein geringer, am Ende der großen Vereinigung erzeugter Überschuss an negativen Elektronen, der den Überschuss an positiven Quarks kompensiert hatte und somit die Gesamtladung null ermöglichte. Der leere Raum enthielt nun hauptsächlich Strahlung, Photonen und Neutrinos, neben den wenigen übrig gebliebenen Nukleonen und Elektronen.

Zu diesem Zeitpunkt kamen auf jedes Nukleon etwa eine Milliarde Photonen, man konnte also mit Fug und Recht vom Beginn der Strahlungsära sprechen. Dieses Verhältnis hat sich bis heute nicht wesentlich verändert. Trotz ihrer zahlenmäßigen Überlegenheit bildet die Strahlung heute jedoch nicht mehr, wie damals, den Hauptbestandteil des Universums. Das nämlich dehnte sich immer weiter aus. Im Verlauf dieses Prozesses verringerte sich die Energie der Strahlung, die Wellenlänge der Photonen wurde immer größer; im Gegensatz dazu blieb die Masse der Nukleonen konstant. Während also die Anzahl von Photonen und Nukleonen und somit auch ihr Verhältnis in etwa gleich blieb, sank die Energiedichte der Photonen mehr und mehr und fiel schließlich, nach etwa 40 000 Jahren, unter die der Nukleonen. Damit war auch die Strahlungsära zu Ende, es begann die Dominanz der Materie.

Heute beträgt die Energiedichte der Materie mehr als das Tausendfache der Photonendichte. Das folgende Bild fasst die erwähnten Zeitalter des Universums noch einmal zusammen; dabei geben die Größen der einzelnen Kästchen allerdings keinerlei Hinweise auf die Dauer der jeweiligen Zeitalter. Die Quark-Ära war nach etwa 10^{-5} Sekunden vorüber, die Lepton-Ära nach weiteren 10 Sekunden; die Strahlungsära dauerte dann aber etwa 40 000 Jahre. Auf die Materie-Ära und ihren weiteren Verlauf kommen wir noch zurück, denn diese Geschehnisse betreffen uns ja fast schon direkt.

Urknall	GUT	Quark	Hadron	Lepton	Strahlung	Materie

Zeitalter des Universums nach dem Urknall

Kehren wir aber noch einmal zurück zum Beginn der Strahlungsära. Das Medium des Universums bestand jetzt aus vielen Photonen
und Neutrinos. Dazu kamen einige wenige Elektronen und Nukleonen; die Letzteren waren sowohl Neutronen wie auch Protonen,
wobei die Anzahl der Protonen gleich der der Elektronen war, sodass
die Gesamtladung null ergab. Die Temperatur lag jetzt bei etwa
10^{10} Grad Kelvin – bei dieser Temperatur konnten Kollisionen mit
Photonen gerade noch verhindern, dass sich Protonen und Neutronen zu Kernen verbanden; die Verbindungen wurden immer gleich
wieder zerstört. Dieser Prozess ging zu Ende, als das Universum mehr
als 10 Sekunden alt war. Jetzt reichte die Photonenergie nicht mehr
aus, und die Nukleonenbindung begann. Mit anderen Worten:

Die Kernfusion

setzte ein, also das Verschmelzen von Nukleonen zu Kernen. Dabei verbanden sich zunächst ein Proton und ein Neutron zu einem
Deuterium, und weiter dann zwei Deuterium-Kerne zu einem Helium-Kern, und so fort. Solche Fusionsprozesse haben stets zwei
gegensätzliche Effekte: Zwei Nukleonen ziehen sich durch die starke
Kernkraft an, aber nur, wenn ihre Abstände sehr kurz sind, während
sich zwei Protonen wegen ihrer gleichen Ladung elektromagnetisch
abstoßen. Um also einen aus Protonen und Neutronen gebildeten
Kern zu erzeugen, muss die kinetische Energie der einzelnen Protonen ausreichen, um die Abstoßung zu überwinden, und die Dichte
muss genügend groß sein, um die Nukleonen zusammenzubringen.
Das heißt, dass Kernfusion nur in genügend heißen und dichten
Medien stattfinden kann. Aus diesem Grund hat man auch bis heute

noch keine Fusionsreaktoren bauen können – man schafft die notwendigen Bedingungen im Labor nicht. In der Wasserstoffbombe hingegen geht das, da eine vorausgehende Atombombenexplosion als Zünder die nötige Hitze und Dichte erzeugt. Im frühen Universum waren die Bedingungen eine kurze Zeit lang vorhanden, und das reichte, um wenigstens Helium zu erzeugen. Bevor noch schwerere Kerne entstehen konnten, war die Welt bereits zu sehr abgekühlt und ausgedehnt, die Nukleonen konnten einander nicht mehr erreichen.

Die wesentliche Nachricht besonders auch für uns hier auf der Erde ist, dass die erwähnten Kernfusionsreaktionen Energie freisetzen, die in Form von Photonen, von Strahlung, emittiert wird. So verbinden sich zwei Protonen und zwei Neutronen zu einem Helium-Kern, dessen Masse aber geringer ist als die Summe der einzelnen Bausteine. Die Bildung eines Kerns ist also energetisch günstiger als der Fortbestand der getrennten Nukleonen. Das definiert auch den zeitlichen Beginn der *Nukleosynthese*. Sie setzte zu dem Zeitpunkt ein, als die Energie der freien Photonen nicht mehr ausreichte, den neugebildeten Kern wieder aufzubrechen. Die Kerne konnten nun überleben. Und sie endete, als Temperatur und Dichte genügend abgesunken waren; selbst wenn sich dann zwei Protonen trafen, konnte die elektrische Abstoßung nun eine Kernbindung verhindern. Für die primordiale Nukleosynthese, die Kernfusion im frühen Universum, gab es somit nur ein kleines zeitliches Fenster. Nach einigen Minuten war sie schon wieder vorbei, und es gelang ihr nur, Deuterium und hauptsächlich Helium zu erzeugen. Da die Bedingungen für Kernfusion heute bekannt sind, lässt sich abschätzen, wie viele Prozent der Nukleonen damals zu Kernen gebunden werden konnten. Man erwartet etwa 25 Prozent Helium, der Rest verbleibt im Wesentlichen als freie Protonen, also als Wasserstoff-Kerne, und in ganz geringem Maße als Deuterium. Die Häufigkeiten dieser Kerne im freien interstellaren Raum sind nun in der Tat so bemessen, dass sie einen der drei Eckpfeiler für die Urknall-Theorie geben.

Die Photonen, die jetzt einen Großteil der Konstituenten des jungen Universums ausmachten, kamen also aus drei Quellen. Ein Teil der Photonen, die ersten überhaupt, entstand, als sich Quarks und Leptonen trennten, als sich die starke und die elektromagnetische Wechselwirkung aufspalteten. Zu dieser Zeit erhielten die Bosonen der schwachen Wechselwirkung ihre großen Massen, während gleichzeitig masselose Photonen entstanden. Ein weiterer Teil kam aus den *Vernichtungsprozessen* von Teilchen und Antiteilchen, Hadronen wie Leptonen, die ja zu elektromagnetischer Strahlung führten. Und dann kamen jetzt die Photonen hinzu, die in der *Nukleosynthese*, bei der Bindung von Nukleonen zu Kernen, emittiert wurden. Diese Letzteren sind für uns besonders interessant. Der Prozess ihrer Entstehung, die Nukleosynthese in der Chronologie des Urknalls, ist bis heute die Basis unseres Daseins in der Form der *Kernfusion*, die in der Sonne stattfindet, die Photonen bis auf die Erde ausstrahlt und uns damit das Licht und die Wärme für unser Leben liefert. Was damals im frühen Universum geschah, das wiederholt sich heute in allen Sternen, so auch eben in unserer Sonne: Zwei Protonen und zwei Neutronen bilden zusammen einen Helium-Kern, dessen Masse um etwa 6 Prozent geringer ist als die Summe der Nukleonmassen. Diese Massendifferenz wird in Strahlung umgewandelt: in unser Sonnenlicht.

Wir haben also einige Male Glück gehabt. Damals, am Ende der großen Vereinigung, gab es in der speziellen Fluktuation unseres Universums einige wenige Quarks mehr als Antiquarks, einige wenige Elektronen mehr als Positronen. Ansonsten wäre alles in Strahlung aufgegangen, und es hätte niemals Materie gegeben. Beim nächsten Mal war die Ausdehnung des Universums durch die verbliebene dunkle Energie gerade langsam genug, um dadurch ein «Fenster» zu schaffen, in dem sich Nukleonen zu Kernen vereinigen konnten. Einige Nukleonen fanden sich nun zusammen, um Kerne zu bilden, Deuterium (2), Helium (4) und ganz selten auch noch einige größere wie Lithium (7) und Beryllium (9). Daneben verblieben etwa 75 Prozent als freie Protonen: die zukünftigen Wasserstoff-Kerne. Die durch die schwereren Kerne gegebene Anisotropie in der Massenverteilung erlaubte dann später per Schwerkraft das Entstehen von Sternen.

Am Ende der Nukleosynthese befanden sich die freien Photonen noch in ständiger elektromagnetischer Wechselwirkung mit den geladenen Partnern des Mediums, den Elektronen und den verschiedenen Kernen. Der leere Raum enthielt ein heißes, aber elektromagnetisches Plasma. Im Gegensatz zum Quark-Plasma noch früherer Zeiten war leerer Raum jetzt vorhanden; es gab nun in der Tat Regionen, in denen «nichts» war. Aber trotzdem kam ein Photon nicht sehr weit, bevor es an irgendeiner Ladung gestreut oder absorbiert wurde. Das Plasma war für Licht völlig undurchlässig. Unser Blick zurück endet an diesem Plasma, so wie unser Blick gen Himmel an einer Wolkendecke enden muss.

Die Wende kam «etwas» später: Nach etwa 380 000 Jahren war die Temperatur durch die fortschreitende Ausdehnung des Universum so weit abgesunken, dass die Photonen eine Bindung von Elektronen und Protonen oder Kernen zu Atomen nicht mehr verhindern konnten. Ihre Energie, die durch die Ausdehnung der Wellenlänge immer weiter gesunken war, reichte nun nicht mehr aus, um Atome aufzubrechen. Das Plasma geladener Kerne und Elektronen verwandelte sich in ein Gas von Atomen. Jetzt gab es, was Materie anbetrifft, wirklich nur noch Atome und leeren Raum, wie Demokrit das verkündet hatte. Aber Materie war nicht alles – es blieb eben vor allem noch sehr viel Strahlung, das verbliebene Licht des Urknalls. Damit werden wir uns später in einem separaten Kapitel befassen; zunächst wollen wir jetzt die verschiedenen Formen von Übergängen betrachten.

4. Übergänge

Die Überquerung des Lima
José Sobral de Almada Negreiros

Wandteppich
Viana do Castelo, Portugal

Unter dem Befehl von Decius Junius Brutus hielten die römischen Truppen im Jahre 135 n. Chr. auf der linken Seite des Flusses Lima. Wegen der Schönheit des Ortes vermeinten sie, sich am Ufer des sagenhaften Flusses Lethe zu befinden, der das Gedächtnis eines jeden zerstört, der ihn durchquert. Die Soldaten weigerten sich daher, in den Fluss zu steigen. Mit der Standarte der römischen Adler in der Hand ritt der Kommandant an das andere Ufer und rief von dort aus jeden Soldaten mit seinem Namen auf, als Beweis dafür, dass dieser Fluss nicht der Fluss des Vergessens sei.

Übergänge entstehen an den Grenzen zwischen verschiedenen Existenzformen von Materie und daher auch zwischen den verschiedenen Daseinsstufen des Universums. Man kann die Temperatur von Wasser über einen großen Bereich ändern, ohne dass etwas Wesentliches geschieht, Wasser bleibt Wasser. Aber dann, zwischen +0,1 und −0,1 Grad Celsius wird aus der gleichförmigen, isotropen Flüssigkeit

ein Festkörper, ein Eiskristall mit wohldefinierten Kristall-Achsen
und völlig anderen Eigenschaften als Wasser. Ähnliches geschieht
auch zwischen 99,5 und 100,5 Grad: Jetzt verwandelt sich die zusam-
menhängende Flüssigkeit in Wasserdampf, in dem die einzelnen
Moleküle kaum noch miteinander kommunizieren und der wieder
ganz andere Eigenschaften besitzt.

Bei solchen Übergängen wird in der Tat die Erinnerung an den
früheren Zustand vollständig ausgelöscht. Wasser enthält keine Information mehr über die vorhergegangene Kristallstruktur von Eis, und
durch keine Messung lässt sich feststellen, ob vorgegebener Wasserdampf vor einer Stunde noch Flüssigkeit war.

In der zeitlichen Entwicklung unseres Universums muss es ähnlich zugegangen sein. Wir erinnern uns an das Problem mit der Antimaterie: Gleich nach dem Urknall war die Welt noch symmetrisch,
sie enthielt gleich viel Materie wie Antimaterie. Und dann war irgendwann die Antimaterie verschwunden. Was war das für ein Übergang,
der so etwas ermöglichte? Bevor wir uns die diversen Übergänge
näher ansehen, die zum jetzigen Zustand unseres Universums geführt haben, wollen wir deshalb etwas ausführlicher untersuchen,
was man in der Physik unter einem Übergang versteht und wie man
ihn beschreiben kann. Es gibt sehr verschiedene Übergangsformen
von einem Zustand von Materie in einen anderen. Die Beschreibung
des Übergangsverhaltens ist ein außerordentlich interessantes und
recht neues Gebiet der Physik; der Nobelpreis an den amerikanischen
Theoretiker Kenneth Wilson für die Entwicklung der Grundlagen
dieses Gebietes liegt gerade fünfzig Jahre zurück. Ein Großteil der
Weiterentwicklung wurde erst in den letzten Jahrzehnten durch den
Einsatz von Großrechenanlagen überhaupt möglich. Betrachten wir
also einige konkrete Beispiele.

Wenn in einem Niederschlagsgebiet mit sinkender Temperatur
Regen in Schnee übergeht, dann gibt es keine scharfen Grenzen. Ausgehend von reinem Regen, erscheinen irgendwann ein paar Flocken,
und ganz allmählich erhöht sich ihr Anteil im Vergleich zu dem der
Regentropfen, bis schließlich nur noch Schnee fällt. Die Bestandteile
des Mediums haben sich dabei von Regentropfen in Schneeflocken
verwandelt. Der Übergang findet zwar mit sinkender Temperatur

statt, er erstreckt sich aber kontinuierlich über einen ganzen Wertebereich, auch wenn die in dieser Frage sehr versierten skandinavischen Meteorologen zwischen «mit Schnee vermischtem Regen» und «mit Regen vermischtem Schnee» unterscheiden. Da sich in diesem Fall aber nie zwei grundsätzlich verschiedene Welten punktuell gegenüberstehen, wollen wir solche Übergänge lieber *Umwandlungen* nennen. Regen verwandelt sich allmählich in Schnee, oder umgekehrt.

Bei dem bereits erwähnten Verdampfen von Wasser sieht das schon anders aus. Bis 100 Grad Celsius besteht das System aus Flüssigkeit; die paar entkommenden Luftblasen fallen prozentual nicht ins Gewicht. Weitere Wärmezufuhr erhöht jetzt die Temperatur zunächst nicht weiter, sondern verwandelt einen immer stärker zunehmenden Anteil der Flüssigkeit in Dampf, bis alles verdampft ist. Die dafür erforderliche Wärmemenge, die «Verdampfungswärme», ist eine wohldefinierte Größe. Erst nachdem sie dem System geliefert wurde, steigt die Dampftemperatur weiter an. Bis dahin liegt ein Mischzustand vor, ein Gemisch aus Wasser und Wasserdampf, das bei konstanter Temperatur von «nur Wasser» über «teils Wasser, teils Dampf» in «nur Dampf» übergeht, sofern ihm weiter genügend Wärme zugeführt wird. Am Schmelzpunkt ist es ähnlich: Die Temperatur bleibt so lange bei null Grad, bis dem System die nötige «Schmelzwärme» zugeführt worden ist, um alles Eis in Wasser zu verwandeln.

Eine dritte Form erscheint bei der Magnetisierung von Metallen. Sie hat unser Verständnis von Übergangsvorgängen entscheidend geprägt. Eisen besteht aus Atomen, die einen eigenen Spin haben; es gibt eine Achse, um die sie sich drehen. Wenn ein Material magnetisch ist, also einen Magneten bildet, dann heißt das, dass im Mittel die Achsen aller Atome in eine bestimmte Richtung zeigen. Bei hohen Temperaturen ist das betreffende Metall aber nicht magnetisch, vielmehr sind die Richtungsachsen seiner Atome wahllos orientiert. Wenn man über die Richtungen aller Atome mittelt, erhält man null, keine vorgegebene Orientierung. Für jedes Atom zeigen die Spins aller benachbarten Atome in wahllose Richtungen. Verringert man nun die Temperatur, dann bilden sich zunächst kleine und

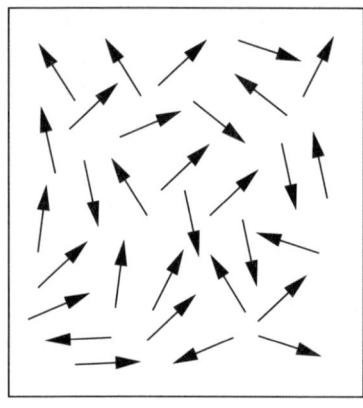 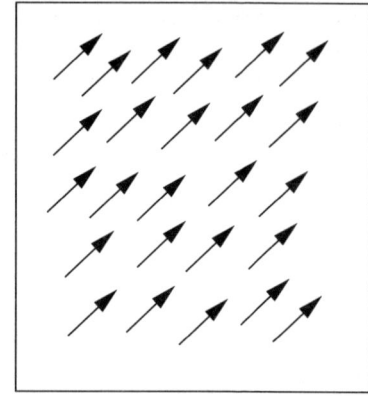

Das Einsetzen von Magnetisierung

dann immer größere Ballungen aus benachbarten Atomen, drei-dimensionale «Inseln», in denen nun alle Spins in die gleiche Richtung zeigen. Die Spinrichtungen verschiedener solcher Inseln sind aber nicht aufeinander abgestimmt, sie sind wieder beliebig. Bei noch weiterem Absinken der Temperatur geschieht dann plötzlich etwas, das sich fast wie ein Wunder ausnimmt. Bei einem ganz bestimmten Wert, der *Curie-Temperatur*, bildet sich eine Insel, deren Ausmaße so groß sind wie die des gesamten Systems und in der alle Spins in die gleiche Richtung zeigen. Es existieren durchaus auch noch weitere kleinere Inseln, deren Spins anders orientiert sind; aber bei weiterem Abkühlen schließen sie sich, eine nach der anderen, dem großen Vorbild an. Der Endzustand ist erst beim absoluten Nullpunkt der Temperatur erreicht: Jetzt zeigen *alle* Spins in die gleiche Richtung. Aus dem beliebigen Stück Eisen ist ein perfekter Magnet geworden.

Dieser Übergang findet, wie gesagt, bei einer ganz bestimmten, festen Temperatur statt, der nach dem französischen Physiker Pierre Curie benannten Curie-Temperatur. Wenn wir unterhalb dieser Temperatur die mittlere Spinrichtung der Atome bestimmen, so ist sie nicht mehr null; das gesamte System zeigt in irgendeine, aber in eine bestimmte Richtung. Es gibt eine Pol-Achse, von Süd nach Nord, für das Stück Eisen als Ganzes. Pierre Curie begründete eine berühmte,

Pierre und Marie Curie mit Tochter Irène

obwohl auch tragische Nobel-Dynastie: Er und seine Frau Marie
Skłodowska erhielten den Nobelpreis für Physik im Jahre 1903; es
war erst der dritte, der überhaupt verliehen wurde. Marie selbst erhielt ihn auch noch für Chemie, im Jahre 1911; sie wurde damit nicht
nur die erste Frau, die ihn erhielt, sondern auch der erste zweifache
Nobelpreisträger. Pierre war bereits 1906 einem Verkehrsunfall (damals noch mit einer Pferdedroschke) zum Opfer gefallen. Ihre Tochter Irène heiratete einen gewissen Frédéric Joliot; diese beiden bekamen dann den Physik-Nobelpreis des Jahres 1935. Abgesehen von
Pierre, den die Droschke davor bewahrt hatte, starben alle Curies an
Leukämie, ausgelöst durch die Arbeiten mit den von ihnen entdeckten radioaktiven Substanzen.

Wie wir vor diesem kleinen Diskurs gesehen haben, gibt es im
Wesentlichen drei verschiedene Formen von Übergängen. Die erste
davon, beschrieben anhand der Umwandlung von Regen in Schnee,
tritt zwar unter vielen verschiedenen Bedingungen auf und war auch
in der Entwicklung des Universums durchaus wichtig. Sie weckt aber
in der Physik nicht das gleiche Interesse wie die beiden anderen: Sie
findet statt, während sich die relevanten Parameter, Temperatur,
Druck, Feuchtigkeit und mehr, kontinuierlich verändern. Nichts
geschieht abrupt.

Im Falle der Magnetisierung sieht die Sache vollständig anders aus. Man kann das besonders gut anhand eines vereinfachten Modells sehen, bei dem alle Spins auf einem regelmäßigen Gitter sitzen, die Länge eins haben und nur nach oben (↑) oder nach unten (↓) zeigen können: s = +1 oder s = -1. Jeder Spin ist nur mit seinen nächsten Nachbarn verbunden. Kehrt man alle Spins um, ändert sich an der Form der Wechselwirkung nichts. Dieses Modell hat der deutsche Physiker Ernst Ising 1924 in seiner Doktorarbeit untersucht. Es ist heute nach ihm benannt, obwohl die Idee von seinem Doktorvater Wilhelm Lenz stammt und das eigentliche Problem erst 1944 von dem norwegisch-amerikanischen Chemiker Lars Onsager gelöst wurde. Das Ising-Modell ist heute eines der wichtigsten Modelle in der gesamten Physik; es hat die Grundlagen weiter Bereiche entscheidend geprägt.

Bei hohen Temperaturen zeigen gleich viele Spins nach oben und nach unten, und beide Orientierungen sind wahllos verteilt. Mit abnehmender Temperatur bilden sich die erwähnten Inseln gleichgerichteter Spins, und es gibt sowohl solche, in denen alle nach oben, wie solche, in denen alle nach unten zeigen. Das Mittel über alle Spins bleibt aber weiterhin null. Am Curie-Punkt jedoch, an der Temperatur T_C, muss sich das System spontan entscheiden: Von da an gewinnt entweder +1 oder -1; beide haben die gleiche Chance. Aber von jetzt an, bei allen Temperaturen unterhalb des Curie-Punkts, ist das Mittel über alle Spins nicht mehr null; die Mehrheit zeigt entweder nach oben oder nach unten. Im folgenden Bild ist das für den zweidimensionalen Fall illustriert.

Diesen Vorgang bezeichnet man als *spontane* Magnetisierung. Er ist eindeutig das, was man als eine *emergente Erscheinung* versteht. Der

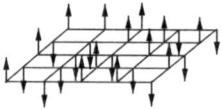 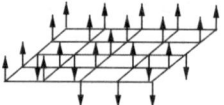 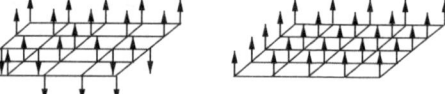

Das Ising-Modell:
(a) oberhalb   *(b) kurz unterhalb*   *(c) bei T = 0*

einzelne Spin ist dabei unwichtig; auch seine Wechselwirkung mit den Nachbarn allein kann nicht festlegen, was geschieht. Der Effekt entsteht grundsätzlich erst durch ein kollektives Zusammenspiel aller. Dabei gibt es keinen bestimmten Auslöser, keinen General, der ein Kommando gibt. So etwas ist nicht ganz so neu, wie es scheint. In den Sprüchen Salomos in der Bibel heißt es (*Proverbia* 30.27): «*Die Heuschrecken haben keinen König, und dennoch ziehen sie allesamt in geordneten Scharen.*»

Hier ist vielleicht zum ersten Mal ein Vorgang erwähnt, der inzwischen in der Biologie als *Schwarmintelligenz* zu einem neuen Forschungsgebiet geworden ist. Er spielt bei Vogel- oder Fischschwärmen eine große Rolle. Aber lange vorher hat es den Vorgang bereits in der unbelebten Welt gegeben.

Ein besonders einsichtiges Beispiel für das plötzliche Einsetzen findet man unter dem Begriff der *Perkolation*. Deren einfachste Form erhält man, wenn man auf die Schnittpunkte eines Schachbretts wahllos Steine setzt. Diese bilden zunächst kleine, dann größere Inseln. Aber irgendwann, beim Setzen des x-ten Steins, ziehen sich diese Inseln von einer Seite zur anderen, und jetzt hat man umgekehrt ein Festland mit wahllos verteilten Seen. Bis zum Setzen des letzten, kritischen Steins bestand noch keine Verbindung zwischen den Ufern, erst dieser eine Stein stellte sie her. Einen solchen Übergang bezeichnet man als Perkolation – er ist dafür verantwortlich, dass beim Blumengießen plötzlich das Wasser im Untersatz überläuft. Der Übergang von einem Meer mit Inseln zu einem Festland

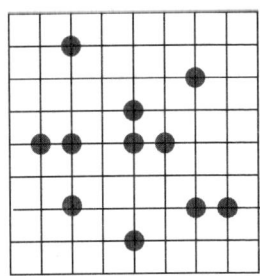 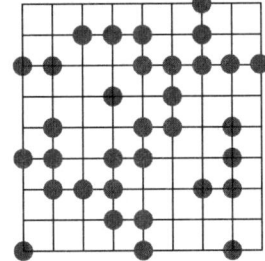

Perkolation

mit Seen findet ganz unvermittelt statt, genauso plötzlich wie das Durchlaufen des Wassers in der Blumenerde.

In einer zweidimensionalen Welt ist der Zustand immer von der Form «Entweder-oder»: entweder Meer mit Inseln oder Festland mit Seen. Hat der Perkolationsübergang zum Festland einmal stattgefunden, kann man nicht mehr von jedem beliebigen Ufer übers Meer an jedes andere gelangen. Das geschieht, wenn die Meeresoberfläche auf weniger als die Hälfte der gesamten Oberfläche reduziert wird. Die Erdoberfläche besteht jedoch zu etwa 70 Prozent aus Meer, was dazu führt, dass man von jedem Ufer per Schiff an jedes andere gelangen kann, wie vor fünfhundert Jahren als Erster der portugiesische Seefahrer Ferdinand Magellan gezeigt hat.

In drei Raumdimensionen verhält sich das anders, da kann sich das «Entweder-oder» mitunter in ein «Sowohl-als auch» verwandeln. Im Schweizer Käse sind die Löcher noch Blasen; aber man kann sich vorstellen, dass ein Wurm sich von einer Seite zur anderen durchfrisst und so in jeder Richtung Luftverbindungen schafft. Es gibt aber natürlich weiterhin auch noch die durch den Käse selbst erzeugte Verbindung zwischen entgegengesetzten Seiten. Ein Zaun teilt eine Fläche in zwei Teile, ein Tunnel einen Berg aber nicht. Hier zeigt sich ganz von selbst eine Mischphase, wie wir sie bei verdampfendem Wasser erwähnt hatten. Der Anfang ist ein Fels; dann bohrt man einen Tunnel hindurch und bohrt immer weiter, bis der Fels in Brocken zerfällt und es kein zusammenhängendes Steingebilde mehr gibt.

Aber kehren wir zu unserem Spinproblem zurück. Beim Einsetzen der Magnetisierung ändert sich der Zustand nicht mehr beliebig graduell mit den Bedingungen. Der mittlere Spinwert ist null für alle Temperaturen oberhalb der Curie-Temperatur, und selbst am Curie-Punkt ist er noch null. Von da an aber ist er ungleich null für alle höheren Temperaturen. Ein derartiges Verhalten nennen die Mathematiker *singulär* oder *nichtanalytisch*. Es tritt immer dann auf, wenn nur eine klare Ja-oder-nein-Entscheidung möglich ist. Man kann nicht *etwas* tot sein, somit eben auch nicht *etwas* magnetisch oder wie in der Perkolation nur *etwas* verbunden. An einem bestimmten Punkt findet eine qualitative Änderung statt. Die Physiker bezeichnen solche singulären Erscheinungen in kollektiven Systemen als

kritisches Verhalten.

Bis zum kritischen Punkt waren bestimmte Messgrößen null, danach sind sie es nicht mehr – oder umgekehrt. Auf jeden Fall ändert sich an diesem Punkt das Verhalten des Systems qualitativ, grundlegend und nicht nur etwas. Am kritischen Punkt und in seiner unmittelbaren Umgebung, also für fast kritische Parameterwerte (Temperatur und Druck), lässt sich das System nicht mehr in kleinere Untersysteme aufteilen. Genügend weit oberhalb und unterhalb eines solchen Punktes kann man meist einen kleinen Bereich untersuchen und dann erwarten, dass der Rest sich auch so verhält. Im kritischen Bereich selbst funktioniert das nicht mehr. Im Falle der Magnetisierung entstehen Inseln aller Größen, von zwei Spins bis hin zu Spinformationen, die von einer Seite des Gesamtsystems bis zur anderen reichen. Bei beliebig großen Systemen heißt das, dass am kritischen Punkt das relevante Skalenmaß, die Größe der Inseln, divergiert – unendlich wird.

Eine andere, außerordentlich fruchtbare Betrachtungsweise solcher Übergänge beruht auf Symmetrie. In der noch nicht magnetischen («paramagnetischen») Phase von Eisen, bei hohen Temperaturen, zeigen die Spins aller Atome in beliebige Richtungen; das Mittel über alle ergibt null. Im Ising-Modell gibt es entsprechend gleich viele Spins +1 wie –1, wahllos verteilt. Dieses Ergebnis ändert sich nicht, wenn man jeden einzelnen Spin genau umkehrt, Südpol in Nordpol verwandelt, +1 in –1. Die Wechselwirkung, die die verschiedenen Spins miteinander verbindet, ändert sich durch das «Umklappen» also nicht. Vielmehr bemerkt sie das gar nicht, sie kann nicht zwischen einem Zustand und dem umgeklappten unterscheiden. Bei niedrigeren Temperaturen hingegen gibt es vom Curie-Punkt an eine Vorzugsrichtung, mehr +1 als –1, oder umgekehrt. An der Wechselwirkung hat sich nichts geändert, aber am Zustand des Systems schon: Jetzt verwandelt Umklappen den Zustand in sein Gegenteil.

Diese Sachlage ist für die Physik insgesamt, aber besonders für das Verständnis der Entwicklung des Universums, von außerordent-

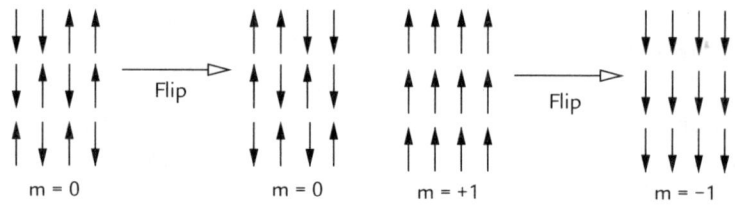

Umklappen aller Spins oberhalb (links) und unterhalb (rechts) der Curie-Temperatur

licher Wichtigkeit. Wenn eine Wechselwirkung bei bestimmten Operationen, also etwa beim Umklappen aller Spins, nicht verändert wird, nennen wir sie *symmetrisch* oder *invariant* unter dieser Operation. Der tatsächliche Zustand des Systems muss deshalb aber nicht invariant bleiben, wie wir gesehen haben. Für ihn gibt es zwei Möglichkeiten: Entweder er ist in der Tat auch weiterhin invariant, oder aber er befindet sich in einem von zwei nichtsymmetrischen Zuständen (+1 oder –1), die dann aber beide gleich wahrscheinlich sind. Am Curie-Punkt wird die Symmetrie somit *spontan gebrochen*, entweder +1 oder –1. Aufgrund der Symmetrie der Wechselwirkung lässt sich jedoch nicht vorhersagen, welche der beiden Möglichkeiten realisiert wird. In gewisser Weise gleicht das System einem Roulette-Spiel: Solange die Kugel rollt, befindet sie sich mit gleicher Wahrscheinlichkeit auf einem roten oder auf einem schwarzen Feld. Beim Halt aber muss sie sich entscheiden, und bei einem ehrlichen Spiel sind die Chancen für jede der beiden Farben gleich.

Um die Situation kompakt zu beschreiben, bezeichnet man das Mittel m über alle Spins als den sogenannten *Ordnungsparameter.* Oberhalb der Curie-Temperatur herrscht vollständige Unordnung, es zeigen gleich viele Spins nach oben wie nach unten, das Ordnungsmaß ist null: $m = 0$. Klappt man jetzt alle Spins um, bleibt es auch dabei. Unterhalb der Curie-Temperatur ist der Ordnungsparameter m aber nicht mehr null, es herrscht eine Form von Ordnung; das Mittel über alle Spins definiert eine Richtung, und bei Temperatur null zeigen sogar *alle* Spins in die gleiche Richtung. Weil die Wechselwirkung nicht von der Spinrichtung abhängt, kann das sowohl nach oben als auch nach unten sein, also *m* = +1 oder *m* = –1, aber das System muss sich für eine Richtung entscheiden. Klappt man jetzt alle Spins um, so wird aus +1 dann –1, und umgekehrt: Der tatsächliche Zustand des Systems bleibt bei der Umklapp-Operation nicht derselbe, obwohl sich die Wechselwirkung nicht verändert. Wie schon erwähnt, nennt man deshalb den Vorgang, der am Curie-Punkt stattfindet, *spontane Symmetriebrechung*. Sie findet statt ohne jeden Eingriff. Keiner verändert die Symmetrie der Wechselwirkung, und trotzdem fällt das System urplötzlich in einen asymmetrischen Zustand. Das unterscheidet sich prinzipiell von einer *expliziten Symmetriebrechung*, die stattfindet, wenn man beispielsweise an einem sechseckigen Stern eine Zacke abbricht.

Die beim Verdampfen von Wasser oder Schmelzen von Eis vorliegende Form hatten wir bis jetzt nur am Rande berücksichtigt. Bei der Perkolation in drei oder mehr Dimensionen hatten wir aber schon gesehen, wie so etwas passieren kann, wenn am Übergangspunkt noch beide Zustandsformen bestehen bleiben: Wasser und Wasserdampf. Wir können hier zum Beispiel Wasser als Ordnung und Dampf als Unordnung betrachten, mit der Dichte des Mediums als Ordnungsmaß. In diesem Falle geht das System *bei fester Temperatur* graduell von einem geordneten in ein ungeordnetes System über. Während im Falle der Magnetisierung der Ordnungsparameter von einem endlichen Wert stetig zu null wird, fällt er im Falle des Verdampfens bei fester Temperatur von einem endlichen Wert auf null. Unterhalb der Siedetemperatur ist er ungleich null, und er bleibt bei dieser Temperatur zunächst auch ungleich null. Ein Teil des Systems wird jetzt zwar zu Dampf, ein anderer aber bleibt noch Wasser. Weitere Energiezufuhr erhöht den Dampfanteil und reduziert somit den Wert des Ordnungsparameters, der schließlich verschwindet, wenn alles zu Dampf geworden ist.

Im folgenden Bild vergleichen wir das Verhalten der Ordnungsparameter in den beiden Fällen; da dieser Parameter sich bei der Magnetisierung am kritischen Punkt stetig verändert, nennt man solche Übergänge *kontinuierlich*, während Verdampfen oder Schmelzen zu *diskontinuierlichen* Übergängen werden. Dabei ist *m*(*T*) der Mittelwert des Spins als Funktion der Temperatur, währen *d*(*T*) die Dichte des Systems minus der entsprechenden Dampfdichte darstellt.

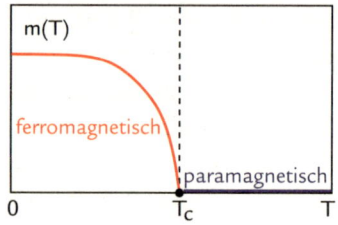
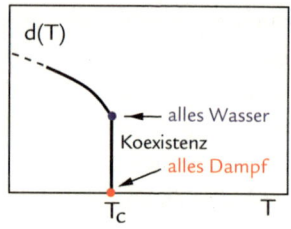

*Ordnungsparameter für den kontinuierlichen Magnetisierungsübergang (links)
und für den diskontinuierlichen Verdampfungsübergang (rechts)*

Damit haben wir uns einen Überblick über die verschiedenen Formen von Übergängen von einem Zustand der Materie in einen anderen verschafft. Das kann allmählich geschehen, Wandlung ohne irgendwelche besonderen Übergangspunkte; wir hatten den Übergang von Regen in Schnee als Beispiel betrachtet. Es kann bei einer festen Temperatur stattfinden, bei der zwei verschiedene Zustandsformen zunächst koexistieren und dabei ein immer größerer Teil des Systems vom alten in den neuen Zustand übergeht; hier war das Beispiel das Verdampfen von Wasser. Und schließlich kann der Übergang völlig eindeutig geschehen, wie beim Einsetzen der Magnetisierung von Eisen; hier verwandelt sich an der Curie-Temperatur plötzlich das gesamte, bis dahin paramagnetische System, das Stück Eisen, in ein von nun an ferromagnetisches System, ein Metall in einen Magneten.

Was hat das alles mit der Entwicklung des Universums zu tun? Wir hatten gesehen, dass das frühe Universum heiß und dicht war und dass es sich dann abgekühlt und verdünnt hat; dass es ursprünglich gleich viele Teilchen und Antiteilchen gab und am Schluss nur noch Teilchen; dass es ursprünglich nur masselose Teilchen gab, die irgendwann plötzlich eine Masse bekamen; dass sich Quarks zu Nukleonen verbunden haben, Nukleonen und Elektronen zu Atomen. Es gibt also in unserer Chronologie des Universums vielerlei Übergänge, und wir wollen jetzt einige davon etwas näher betrachten.

Zunächst stellen wir noch einmal fest, dass bei einem Übergang verschiedene Vorgänge stattfinden können. Die Symmetrieform *des Zustands* kann sich ändern, von $m = 0$ (symmetrisch) auf $m = +1$ (asymmetrisch). Die vorgegebenen Bausteine der Materie können sich ändern, von masselos auf massiv. Und sie können sich zu neuen, komplexeren Bausteinen zusammensetzen, wie Quarks zu Nukleonen. Wenn man die bisher noch sehr unsichere Möglichkeit einer einzigen supersymmetrischen Urteilchenform außer Acht lässt, hat man am Anfang zwei Teilchensorten: Urbosonen und Urfermionen. Der erste, für uns wesentliche Übergang ist dann der, an dem sich die Urfermionen in Quarks und Leptonen aufgespalten haben. Durch die abnehmende Temperatur des weiter expandierenden Universums wurde ein Punkt erreicht, bei etwa 10^{27} Grad Kelvin und etwa 10^{-35} Sekunden nach dem Urknall, an dem jedes Urfermion sich für eine der beiden Möglichkeiten entscheiden musste: Die «große Vereinigung» war zu Ende. Bis dahin waren Verwandlungen von einer Form in die andere erlaubt, von da an nicht mehr. Wegen solcher Umwandlungen konnte die Anzahl der vorhandenen Quarks von derjenigen der Antiquarks abweichen; entsprechend für Leptonen und Antileptonen. An diesem GUT-Übergang muss also die Grundlage für die heute vorhandene Asymmetrie zwischen Materie und Antimaterie entstanden sein. Dort wurde damit eine bis dahin vorhandene Symmetrie spontan gebrochen, so wie bei dem erwähnten Ising-Modell die Invarianz beim Umklappen aller Spins. Bis zum Übergang waren die Fermionen ununterscheidbar und ihre Zahl gleich der der auch wiederum ununterscheidbaren Antifermionen.

Von da an jedoch gab es zwei unterscheidbare Spezies, Quarks und Leptonen, sowie deren Antiteilchen. Nun war weder die Differenz zwischen der Zahl der Quarks und der Antiquarks null noch die zahlenmäßige Differenz zwischen Leptonen und Antileptonen. Es gab also von null verschiedene Ordnungsparameter; die durch die Wechselwirkung der großen Vereinigung vorgegebene GUT-Symmetrie war durch den Zustand des Universums von nun an gebrochen.

Da aus den Quarks später die Nukleonen entstanden, war die erwähnte Asymmetrie eine absolute Voraussetzung für die heutige Welt. Wie wir gleich sehen werden, kann in Vernichtungsprozessen zwischen Materie und Antimaterie nur ein Überschuss der einen oder der anderen Art überleben. Ohne eine solche Asymmetrie würde das Universum heute nur Strahlung und keine Materie mehr enthalten. Das ist sozusagen die Kehrseite der Medaille: Wenn man im leeren Raum Energie deponiert, gibt man damit einem Paar, Fisch und Antifisch, die Möglichkeit, in die Wirklichkeit emporzukommen. Aber wenn sich nun in diesem leeren Raum Fisch und Antifisch wieder treffen, können sie sich gegenseitig vernichten und in elektromagnetische Strahlung verwandeln. Mithin würde sich ein Universum, das exakt gleich viel Materie und Antimaterie enthält, auf lange Sicht in Strahlung auflösen.

Wir hatten erwähnt, dass die entsprechende Ladung, die zwischen Materie und Antimaterie, zwischen Quark und Antiquark, zwischen Nukleon und Antinukleon unterscheidet, als Baryonzahl bezeichnet wird; die Baryonzahl des Nukleons ist +1, die des Antinukleons –1. Und der Übergang am Ende der GUT-Ära wird damit zur *Baryogenese*, zur Geburt eines auf lange Sicht Materie-bestimmten Universums.

Der Auslöser für diesen abrupten Übergang findet sich in einer Änderung in der Natur der Kraftteilchen. Bisher wurden alle Fermionformen gleich behandelt, und somit waren auch alle Kraftteilchen gleichwertig und masselos. Es gab solche, die zwischen Quarks vermittelten, andere, die zwischen Leptonen vermittelten, und dritte, die ein Quark in ein Lepton verwandeln konnten. Alle diese Kraftteilchen waren masselos, und alle durch sie vermittelten Wechselwirkungen waren gleich stark. Das Ende dieser egalitären Welt entstand dadurch, dass die Kraftteilchen, die ein Quark in ein Lepton verwandeln konnten (man spricht hier von *X-Bosonen*), plötzlich eine sehr große Masse erhielten. Ein solcher Vorgang ist in den bisher vorgeschlagenen GUT-Formen möglich; er signalisiert die spontane Brechung einer Symmetrie der Wechselwirkung und entspricht somit einem kritischen Übergang, ähnlich dem Einsetzen der Magnetisierung.

Wie ein solcher Massenübergang stattfinden kann, hatten wir bereits im 2. Kapitel angesprochen. Es handelt sich erneut um den Fall des Schneeball-Syndroms, bei dem der rollende Stein, wenn er nicht zu schnell rollt, eben doch Moos aufsammelt. Aber was für Moos ist das eigentlich in diesem Falle? Dies ist eine kritische und bisher nur unzulänglich beantwortete Frage. Wir stellen sie zunächst zurück und nehmen sie dann bei dem nächsten, dem sogenannten Higgs-Übergang wieder auf. Hier jedenfalls bedeutet der immense Anstieg der Masse, dass die X-Bosonen damit effektiv aus dem Spiel genommen wurden; für zwei Fermionen war die Möglichkeit, ein schweres X-Boson auszutauschen und sich dadurch aus einem Quark in ein Lepton zu verwandeln, oder umgekehrt, damit so gut wie ausgeschlossen. Es haben sich also weder Quarks noch Leptonen wirklich verändert: beide sind nach wie vor masselos. Aber dadurch, dass die Kraftteilchen, die eine Art in die andere verwandeln konnten, nun in ihrer Wirkung ausgeschaltet wurden, zerbrach die gemeinsame Welt der beiden Fermion-Arten. Von nun an gab es Quarks, und es gab Leptonen, und zwischen beiden keine mögliche Verwechslung.

Der aufmerksame Leser wird bemerkt haben, dass wir die Quark-Lepton-Übergänge nur «effektiv» oder «praktisch» ausgeschlossen haben. Das hat seinen Grund. Prinzipiell sind sie im Rahmen solcher Theorien zwar unwahrscheinlich, aber doch möglich. Die Masse der dafür zuständigen X-Bosonen ist zwar immens, aber nicht unendlich. Dies heißt, dass Protonen zerfallen können, da sich die Quarks im Proton mit sehr geringer Wahrscheinlichkeit, aber eben prinzipi-

Das Innere der Kamiokande-Anlage

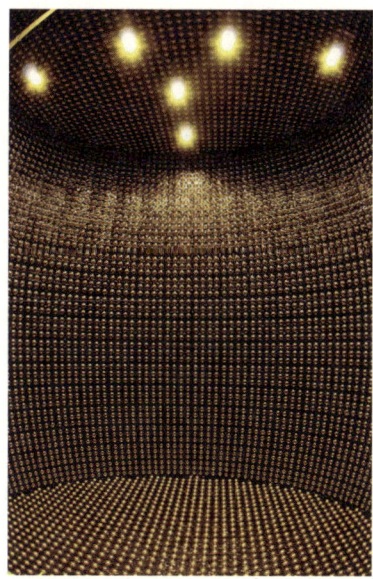

ell doch in Positronen umwandeln können. Die wiederum könnten sich mit Elektronen zusammentun und in Strahlung gegenseitig vernichten. Dann wäre unsere heutige Welt letztlich doch verschwunden, die auf der Stabilität, der garantierten Existenz von Protonen, basiert.

Man hat im Rahmen von GUT-Theorien die so zu erwartende Lebensdauer von Protonen berechnet und ist zunächst auf 10^{32} Jahre gekommen; man muss also lange warten, bis ein gegebenes Proton zerfällt, und man muss dabei berücksichtigen, dass unser Universum seit dem Urknall erst 10^{10} Jahre besteht. Aber ganz so einfach kommt man nicht davon. Ein Mensch enthält bereits 10^{29} Protonen. Demnach ist anzunehmen, dass ein Wassertank mit dem Volumen von 1000 Menschen pro Jahr ein zerfallendes Proton aufweist. Experimente zum Protonzerfall wurden und werden weiterhin durchgeführt, mit großen Wassertanks, die tief in alten Bergwerken und an ähnlichen Orten stehen, um die Einwirkung von äußerer Strahlung möglichst auszuschließen. So befindet sich in der japanischen Gemeinde Kamioka tausend Meter tief unter der Erde die *Kamiokande-Anlage*, ein Tank mit 3000 Tonnen reinen Wassers, umgeben von 1000 Foto-Detektoren. Sollte in dem Tank ein Proton zerfallen, würde das dabei erzeugte Elektron ein beobachtbares Lichtsignal auslösen. Bisher aber ist das noch nicht passiert.

Am Ende der GUT-Ära sollte das Universum also einerseits eine dichte Menge von Quarks und Antiquarks sowie andrerseits eine Menge von Elektronen, Positronen sowie Neutrinos und Antineutrinos enthalten. Wechselwirkungen zwischen den beiden Gruppen wären noch möglich, aber Umwandlungen der Zugehörigkeit ab sofort nicht mehr. Und in beiden Gruppen sollte es eine winzig kleine Asymmetrie geben, etwas mehr Materie als Antimaterie und dementsprechend mehr Elektronen als Positronen, um die elektrische Gesamtladung bei null zu halten.

Wie geht es nun weiter? Zunächst müssen wir hier noch einmal betonen, dass die bisherigen Überlegungen zur Vereinigung der Teilchensorten in vielerlei Hinsicht noch vorläufig sind. Es gibt, wie schon angedeutet, 42 oder mehr verschiedene Modelle, die sich mehr oder weniger widersprechen. Dort aber, wo man auf eine überprüfbare

Aussage kommt, etwa beim Protonzerfall, da melden die Experimente Fehlanzeige. Einen Schritt weiter wäre man mit dem Nachweis des Protonzerfalls. Bis dahin jedoch deuten unsere Überlegungen lediglich an, wie es hätte sein können; vieles kann noch anders kommen. Das ändert sich beim Vordringen in das etwas spätere, aber immer noch sehr frühe Universum; hier kommen wir in einen Bereich, in dem irdische Experimente bereits ganz wesentlich zum Verständnis beitragen können. Bisher sind alle Materieteilchen masselos, und die Kraftteilchen (außer dem erwähnten X, das aber ab jetzt unwichtig geworden zu sein scheint) gleichfalls. Es taucht nun die Frage auf, was eigentlich vom falschen Normalzustand nach dem Absturz in den «richtigen» verblieben war. Einerseits ist da die dunkle «Rest»-Energie, die das Universum weiter auseinandertreibt. Ist das aber alles? Diese Frage ist auch heute noch nicht beantwortet. Wie man seit zwei Jahren weiß, ist da nämlich schon noch mehr – ein weiteres, gespenstisches, alles durchdringendes Medium: das *Higgs-Feld*. Es ähnelt seiner Natur nach durchaus der dunklen Energie, und es gibt auch Vermutungen, dass die beiden zusammenhängen oder verwandt sind. Das Higgs-Feld hat aber eine andere Aufgabe: es ist der kosmische Schnee, durch den Urteilchen Massen erhalten können. Ab einer gewissen Temperatur verwandelt es die Natur der Kraftteilchen der elektroschwachen Wechselwirkung, von denen es bis dahin vier gab und die alle masselos waren. Drei davon erhalten nun, durch diesen Übergang, plötzlich sehr große Massen, das vierte bleibt weiterhin masselos und heißt von nun an *Photon*. Der Higgs-Übergang ist also in gewisser Weise

die Geburt des Lichts.

Von nun an gibt es elektromagnetische Strahlung einerseits und radioaktive Zerfälle andrerseits. Damit zerbricht die Leptonwelt ihrerseits in zwei Sektoren: die rein elektromagnetische Wechselwirkung, die durch weiterhin masselose Photonen übermittelt wird, und die sogenannte *schwache* Kernkraft, die für radioaktive Zerfälle zuständig ist. Die große Masse der für diese Wechselwirkung verantwortlichen Bosonen macht diese Kraft so schwach und kurzreichweitig. Das besagte Higgs-Feld ballt sich außerdem um die Materieteilchen und erzeugt so für diese eine endliche Masse, auf die gleiche Weise, wie die Polarisation im Plasma schwerere Ladungen erzeugt hatte. Die bis dahin nackten Elektronen werden jetzt von Higgs-Wolken eingekleidet und sind nicht mehr masselos; den Quarks geschieht das Gleiche. Auch mit den Neutrinos sollte das passiert sein – aber noch sind ihre Massen nicht endgültig bestimmt. Die zwischen den Quarks stattfindende Wechselwirkung ist vom Higgs-Feld nicht verändert – die Gluonen bleiben masselos. Rückblickend lässt sich feststellen, dass der plötzliche Massenanstieg der X-Bosonen, der die Welten der Quarks und der Leptonen trennte, wohl durch einen Vorläufer eines solchen Higgs-Feldes entstanden sein muss.

Nach dem GUT-Übergang stoßen wir hier also auf einen weiteren, den elektroschwachen oder Higgs-Übergang. Am GUT-Übergang trennten sich Quarks und Leptonen, am Higgs-Übergang trennen sich Elektronen und Neutrinos. Von jetzt an haben alle Materieteilchen kleine inhärente Massen. Es trennen sich auch Photonen und W-Bosonen, wobei die Letzteren wegen ihrer großen Massen das Schicksal der X-Bosonen teilen: sie sind von jetzt an aus dem Rennen. Dieser Übergang fand etwa 10^{-10} Sekunden nach dem Urknall statt, als die Temperatur auf 10^{15} Grad Kelvin abgesunken war. Allerdings hatten die am Higgs-Übergang erzeugten Massen nichts mit dem zu tun, was wir in unserer heutigen Welt als Masse bezeichnen. Unser Gewicht wird bestimmt durch die Atome in unserem Körper, genau genommen durch deren Kerne; die Massen der Elektronen spielen dabei keine nennenswerte Rolle und die der Quarks als solche auch nicht. Für die Leptonwelt war das der letzte Übergang: Sowohl Elektronen als auch Neutrinos des frühen Universums haben es bis in unsere jetzige Welt geschafft, und die Photonen natürlich auch.

Bevor wir uns mit dem Schicksal der Quarks befassen, kehren wir noch zurück zu den drei mysteriösen, alles durchdringenden Feldern, der dunklen Restenergie, dem GUT-Feld, das die X-Massen erzeugte, und dem Higgs-Feld. Das Letztere sollte eigentlich Higgs-Brout-Englert-Guralnik-Hagen-Kibble-Feld heißen. Alle sechs Theoretiker hatten 1964 etwa gleichzeitig eine solche Schneeball-Form der Massen-

François Englert und
Peter Higgs, 2014

erzeugung vorgeschlagen und untersucht. Die Prioritäten lassen sich kaum noch klären; der Nobelpreis 2013 ging jedenfalls an Higgs und Englert; Brout lebte da schon nicht mehr. Einfachheitshalber bleiben wir, wie auch viele andere, bei der Bezeichnung Higgs, zumal Peter Higgs ein außerordentlich bescheidener, sehr akademischer Wissenschaftler ist, der sich nach dem ihn heute umgebenden Ruhm keinesfalls gedrängt hat. Higgs hatte geschlossen, dass die Existenz des jetzt nach ihm benannten Feldes auch die Existenz eines schweren Bosons bedeuten und dass dieses *Higgs-Boson* experimentell in hochenergetischen Elementarteilchenkollisionen erzeugbar sein müsse. Es scheint inzwischen recht sicher, dass dieses Teilchen in der Tat 2012 am Europäischen Kernforschungszentrum CERN in Genf nachgewiesen wurde – was dann 2013 zu dem Englert-Higgs-Nobelpreis führte.

Es folgt als Nächstes ein Übergang, der uns schon sehr direkt betrifft. Die Quarks, und alles aus ihnen direkt folgende, bestimmen das, was wir heute als *starke Kernkraft* bezeichnen, nämlich die Bindung von Quarks zu Nukleonen. Dieser Übergang hat, wie schon erwähnt, auch auf die Entstehung des physikalischen Vakuums geführt, also auf den leeren Raum an sich.

Vor diesem Übergang war das Universum dicht gefüllt mit Quarks und Antiquarks. Niemals war ein Quark mehr als einen Femtometer von einem anderen entfernt. An dem nun folgenden *Hadron-Übergang* aber banden sich jeweils drei Quarks zu einem Nukleon, drei Antiquarks zu Antinukleonen und Quark-Antiquark-Paare zu Mesonen. Und diese neuen Einheiten, Hadronen, konnten nun beliebig im leeren Raum existieren. Erneut haben wir hier einen Übergang, der demjenigen im Ising-Modell ähnelt; wieder geht ein Zustand, das Quark-Antiquark-Plasma, plötzlich in einen anderen über, in ein Gas von Hadronen. Das Plasma bestand aus ungebundenen Farbladungen, und wenn wir uns eine Farbspannung vorstellen, dann war dieses Medium farbleitfähig, es konnte ein Farbstrom fließen. Am Hadron-Übergang war damit Schluss, von diesem Punkt an war die Farbleitfähigkeit null – es gab wieder einen Ordnungsparameter, der in dem einen Temperaturbereich endlich und in dem anderen dann null war.

Wie bereits angedeutet, passierte an dieser Stelle aber noch mehr. Im Plasma waren die Quarks fast masselos, sie hatten nur die kleine, vom Higgs-Feld induzierte inhärente Masse. Dann aber, am Hadronisierungspunkt, bildeten sich Gluonwolken um alle Quarks und gaben ihnen die Massen, die heute das bilden, was wir in unserer Welt mit Masse bezeichnen. Jedes Quark oder Antiquark bekam so etwa ein Drittel einer Nukleonmasse, etwa 10^{-27} kg. Aus drei solchermaßen «bekleideten» Quarks wurde dann ein Nukleon, und 10^{29} solcher Nukleonen erzeugen letztlich unser Körpergewicht. Es besteht im Wesentlichen aus der Gluonwolke, die die an sich leichten Quarks umgibt. Diese effektive, erst durch die Gluonen erzeugte Quarkmasse bildet also wiederum einen Ordnungsparameter für die Hadronisierung: Sie ist (fast) null im Plasma und wird dann plötzlich, auf einen Schlag, endlich.

Der Hadron-Übergang,

an dem das Universum wohl zum ersten Mal begann, bekannte Züge zu zeigen, hat etwa 10^{-5} Sekunden nach dem Urknall bei 10^{12} Grad Kelvin stattgefunden. Die genaue Zeitbestimmung variiert mit dem

Modell der Evolution. Die Übergangs*temperatur* hingegen ist inzwischen recht genau bekannt, sowohl aus theoretischen Rechnungen, im Rahmen der Quantenchromodynamik, als auch aus Experimenten, in denen für einige Momente ein Quarkplasma im Labor erzeugt wurde.

Damit besteht unser Universum jetzt aus «leerem» Raum, mit der erwähnten Einschränkung, was die «Leere» betrifft, und Teilchen: im Wesentlichen aus Hadronen und Antihadronen, Elektronen und Positronen, Neutrinos und Photonen. Diese Teilchensorten bilden ein heißes Gas in voller Wechselwirkung, Vernichtung und Erzeugung am laufenden Band. Wir fassen im folgenden Bild zunächst die Übergänge im frühen Universum zusammen, die zu diesem Zustand geführt haben.

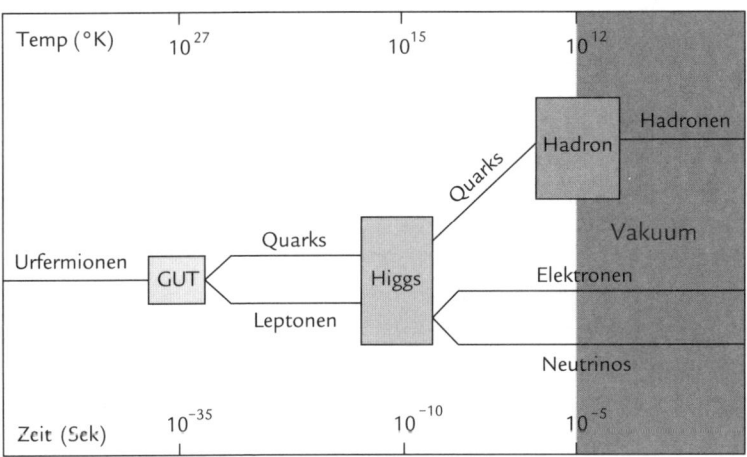

Die Übergänge im frühen Universum und ihre Auswirkungen auf Materieteilchen

Wie schon erwähnt, haben diese verschiedenen Übergänge auch auf die Kraftteilchen gewirkt und sie verändert, was dann wiederum auch die Form der Wechselwirkung beeinflusst. Wir fassen diese Änderungen im nächsten Bild zusammen. Die Urbosonen spalten sich am GUT-Übergang auf in die *Gluonen* der starken Wechselwirkung und in die leptonischen *Vektorbosonen,* die für die jetzt noch einheitlich elektroschwache Wechselwirkung zuständig sind. Am danach folgenden Higgs-Übergang spalten sich die Letzteren auf in Photonen und die sogenannten W-Bosonen. Gluonen und Photonen bleiben masselos, während durch die Wolken des Higgs-Feldes die W-Bosonen ihre heutigen großen Massen erhalten, die auch dafür sorgen, dass die schwache Kernkraft eben schwach und zudem kurzreichweitig ist. Im letzten, dem Hadron-Übergang wird den Gluonen eine Doppelrolle zugeteilt: Sie bilden einerseits die Wolken, die den Quarks und damit später auch den Hadronen ihre messbaren Massen liefern, und binden andrerseits diese massiven Quarks zu den Hadronen. Die Wechselwirkung zwischen Hadronen wird jetzt von Mesonen übernommen, deren Masse dann die heute messbare Reichweite der starken Kernkraft bestimmt.

Die durch den Hadron-Übergang entstandene Welt ist jedoch nur von kurzer Dauer. Alle Materieteilchen bilden eine Welt in ständiger Wechselwirkung, Hadronen und Antihadronen vernichten einander und werden in Kollisionen wieder erzeugt; Elektronen und Positronen erfahren das Gleiche. Aber durch die Ausdehnung des

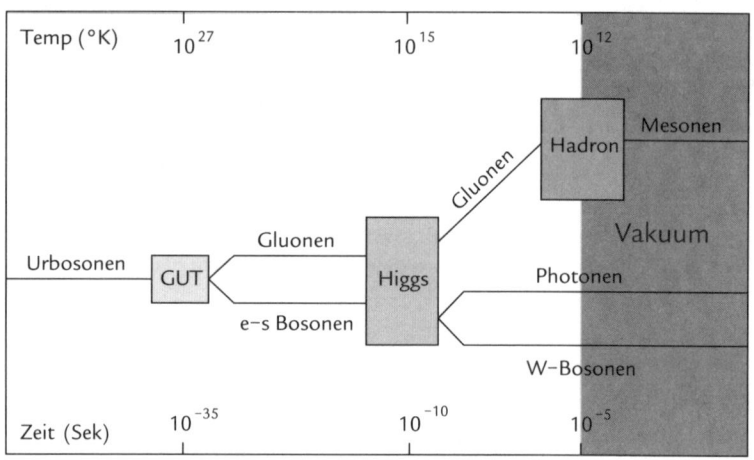

Die Übergänge im frühen Universum und ihre Auswirkungen auf Kraftteilchen

Universums sinkt die Temperatur rasch, und so erreicht die Welt bald einen Zustand, in dem die Erzeugung von Hadronen energetisch nicht mehr möglich ist. Nun vernichten sich in sehr kurzer Zeit fast alle Hadronen und Antihadronen und erzeugen so Photonen und Elektron-Positron-Paare. Übrig bleiben nur die wenigen Nukleonen, die aus dem winzig kleinen Überschuss an Materie am Ende des GUT-Übergangs vorhanden waren. Bis zum Hadron-Übergang war das Universum noch fast symmetrisch, was Materie und Antimaterie betrifft, aber eben nur fast. Jetzt vernichten sich alle Antinukleonen in Kollisionen mit Nukleonen, und nur ein paar glückliche Nukleonen bleiben übrig: die gesamte zukünftige Materie unserer Welt, denn seitdem ist nichts mehr hinzugekommen. Kurz nach der Hadronisierung hat sich die Natur des Universums also grundlegend geändert: Bis auf die verbliebenen Nukleonen hat sich der ursprünglich aus den Quarks entstandene Teil der Welt vollständig in Strahlung und Leptonen verwandelt. Die Quark-Ära ist zu Ende, das Universum besteht jetzt weitgehend aus Leptonen und Photonen. Die Lepton-Ära beginnt.

Bei den Leptonen aber deutet sich bereits ein ähnliches Schicksal an, wie es den Quarks widerfahren ist. Noch gab es Leptonen in immenser Dichte, jedoch erneut auch *fast* gleich viele Elektronen wie Positronen. Der Überschuss an Elektronen war gerade so hoch, um die Welt insgesamt, unter Berücksichtigung der verbliebenen Protonen, elektrisch neutral zu halten. Unter vielen Millionen Paaren also gerade ein Elektron mehr. Zunächst blieb es dabei, solange die Temperatur ausreichte, um die Elektron-Positron-Vernichtung in Strahlung durch entsprechende Elektron-Positron-Erzeugung wettzumachen. Aber die Ausdehnung ging unaufhörlich weiter, die Temperatur sank weiter.

Und so war irgendwann eine Temperaturgrenze erreicht, von der an Elektron-Positron-Paare nur noch vernichtet, aber nicht wieder erzeugt werden konnten – dafür reichte die Energie der Strahlung nun nicht mehr aus. In abermals recht kurzer Zeit waren alle Elektronen und Positronen, die die Lepton-Ära maßgeblich bestimmt hatten, von der Bildfläche verschwunden; es blieben nur die wenigen Elektronen, die den beim GUT-Übergang erzeugten Überschuss ausmachten. Jetzt war der Materie-Inhalt des Universums endgültig festgelegt.

Als Basis für die gesamte kommende Welt blieb von allem nur der in der frühesten Phase entstandene Überschuss an Nukleonen und Elektronen.

Wir haben dabei die Neutrinos außer Acht gelassen; sie konnten noch eine Weile mit den verbliebenen Nukleonen und Elektronen wechselwirken, etwa um ein Neutron in ein Proton und ein Elektron zu verwandeln: $v + n \longrightarrow + e^- + p$. Bald aber war die Temperatur auch dafür zu niedrig. Damit waren die Neutrinos als erste Teilchen in die völlige Freiheit entlassen und von aller verbleibenden Materie entkoppelt. Sie konnten sich nun ungehindert im Universum ausbreiten und wurden so eine Art Vorreiter für das Licht des Urknalls, das wir im folgenden Kapitel betrachten wollen. Zu dieser Zeit, etwa 10 Sekunden nach dem Urknall, bei einer Temperatur von 10^9 Grad Kelvin, war damit die Lepton-Ära zu Ende. Da sich nun Elektronen und Positronen weitgehend vernichtet hatten, so wie das mit Hadronen und Antihadronen schon früher geschehen war, bestand das Universum nun fast gänzlich aus Strahlung; zahlenmäßig sollte sich daran auch nichts mehr ändern. Pro Nukleon gab es jetzt etwa 10^{10} Photonen, sodass man mit Fug und Recht vom Beginn der Strahlungsära reden kann. Das Universum war ein noch immer recht heißes Plasma, in dem Protonen, Elektronen und Photonen miteinander in Wechselwirkung standen. Die Neutronen, als elektrisch neutral, konnten daran nur indirekt teilnehmen. Da sie massiver sind als Protonen, zerfallen sie nach etwa 15 Minuten in ein Proton, ein Elektron und ein Antineutrino. Das relative Verhältnis von Protonen und Neutronen war zunächst am Ende der Lepton-Ära festgelegt worden, als Neutrinos noch die einen in die anderen umwandeln konnten. Da Neutronen geringfügig schwerer sind als Protonen, zogen sie dabei den Kürzeren. Das Verhältnis pendelte sich auf etwa 15 Neutronen zu 85 Protonen ein. Die Neutronen wären demnach im Laufe der Zeit durch Zerfall ausgestorben, wenn sie nicht einen Rettungsmechanismus gefunden hätten.

Das Universum hat also seit dem Hadron-Übergang eine Reihe von unterschiedlichen Zuständen durchlaufen, von einem Hadrongas über ein Leptongas in das darauffolgende strahlungsdominierte elektromagnetische Plasma. In der am Anfang dieses Kapitels eingeführten Terminologie waren das Umwandlungen, im Gegensatz zu den scharfen Übergängen des frühen Universums. Und auch in der letzten Phase, im Plasma, finden sich immer einmal ein Proton und ein Elektron zu einem neutralen Ganzen zusammen, welches aber rasch durch die energetischen Photonen wieder zerstört wird. Dafür setzte jetzt etwas anderes ein: Ein Proton und ein Neutron verbanden sich zu einem ersten Kern, zu Deuterium. Die Bindung geschah durch die starke Kernkraft, wobei die Masse des Deuteriums etwas geringer ist als die der beiden Partner. Die so gewonnene Energie wird als Strahlung emittiert, also in einer Reaktion $n + p \longrightarrow D + \gamma$. Solange die Strahlung im Plasma ausreichte, um den neu entstandenen Kern wieder zu zerstören, konnte dieser Zustand nicht von Dauer sein. Aber als die Temperatur des Plasmas unter 10^9 Grad Kelvin gefallen war, schafften die Photonen es nicht mehr, den neu entstandenen Kern aufzubrechen: Die Zeit der *Nukleosynthese* war angebrochen, der Kernformation. Und sie setzte sich weiter fort: Aus zwei Deuterium-Kernen entstand ein Helium-Kern. Im Prinzip konnte diese Kernfusion weiter voranschreiten: zu Lithium, Beryllium, und so fort. Da die Massen dieser Kerne aber, wie erwähnt, geringer waren als die Massen ihrer Bestandteile, waren die Neutronen zu leicht geworden, um weiterhin zu zerfallen. Die im Kern verfügbare Neutronmasse reichte nicht mehr aus, um ein Proton und ein Elektron zu bilden. Die Neutronen waren auf diese Weise vor dem Untergang gerettet.

Doch auch dieses Mal war die stetige Ausdehnung des Universums schuld daran, dass eine solche Fusion nicht sehr lange möglich blieb. Kerne bestehen ja aus Protonen und Neutronen, und die Protonen stoßen sich elektrisch ab. Eine Fusion ist daher nur möglich, wenn die Energie des Zusammenpralls ausreicht, um diese Abstoßung zu kompensieren. In anderen Worten: Sobald die Plasmatemperatur so weit abgesunken war, dass die Protonenenergie dafür nicht mehr ausreichte, war Schluss mit der Fusion. Es gab für den Vorgang nur ein kleines Zeitfenster: Die Photonen des Plasmas durften nicht mehr zu energetisch sein, sonst wurden die Kerne wieder zerstört. Andrerseits mussten die Protonen des Plasmas energetisch genug sein, um die elektrische Abstoßung zu übertreffen. Und zudem sank mit der Ausdehnung auch die Dichte der Nukleonen und reduzierte so die Chancen für ein Zusammentreffen.

Bevor wir uns dem weiteren Schicksal der Photonen zuwenden, wollen wir aber noch einmal zurückblicken auf die wesentlichen Übergangsformen, auf die wir in unserer Chronologie des frühen Universums gestoßen sind.

– Der erste Übergang war der Absturz der Urwelt vom falschen in den richtigen Normalzustand, in gewissem Sinne vergleichbar mit dem Entkommen einer Dampfblase aus überhitzten Wasser.

– Der zweite Übergang fand statt am Ende der GUT-Ära, als die Botenteilchen, die eine Umwandlung von Quarks in Leptonen und umgekehrt möglich machten, plötzlich eine so große Masse erhielten, dass diese Verwandlung nicht mehr stattfinden konnte. Quarks und Leptonen waren nun «verschieden».

– Der dritte Übergang geschah dann im Laufe der Quark-Ära, als die Botenteilchen, die für die schwache Kernkraft zuständig sind, plötzlich eine so große Masse erhielten, dass diese Kraft extrem schwach und kurzreichweitig wurde. Gleichzeitig erhielten die bis dahin masselosen Quarks und Leptonen kleine, aber endliche inhärente Massen.

Ausgelöst wurden alle drei Übergänge durch mysteriöse, alles durchdringende Urfelder. Beim ersten ermöglichte die Energiedifferenz zwischen falschem und richtigem Normalzustand des Inflatonfeldes überhaupt erst die Entstehung von Materie. Im Falle des zweiten erwartet man eine Situation, in der die Energiedifferenz zwischen den entsprechenden Zuständen eines noch nicht benannten Feldes für die große Masse der X-Bosonen und damit für die Aufspaltung von Quarks und Leptonen zuständig wird. Beim dritten erzeugt die Energiedifferenz zwischen den Normalzuständen des Higgs-Feldes bei hohen und bei niedrigeren Temperaturen die inhärenten Massen von Fermionen und W-Bosonen.

Von diesen drei Urfeldern scheint das Higgs-Feld seit kurzem relativ gut direkt abgesichert. Von ihm bleibt nach dem Übergang das schwere Higgs-Boson übrig, das – so die CERN-Experimente aus dem Jahr 2012 – in hochenergetischen Kollisionen erzeugt worden ist. Die Erzeugung eines entsprechenden Inflaton-Bosons für den ersten Fall ist wohl weit außerhalb jeder Reichweite irdischer Experimente. Die auch aus diesem Feld folgende fortschreitende Ausdehnung des Universums ist jedoch auch wiederum bestätigt. Im Falle des zweiten kann man heute wohl nur eifrige Forschung attestieren.

– Der vierte Übergang hingegen ist von gänzlich anderer Natur: Hier werden farbige Quarks zu farbneutralen Hadronen gebunden, die unabhängig voneinander existieren können und somit erst das Entstehen eines materiefreien Weltraums ermöglichen.

Dafür ist nicht ein mysteriöses weltfüllendes Medium zuständig. Vielmehr sind es die Botenteilchen der starken Wechselwirkung, die Gluonen, die sowohl die effektiven Massen der Quarks als auch deren Bindung zu Hadronen bestimmen. Dieser Übergang kann heute theoretisch auf beiden Seiten (vor und nach Hadronbildung) mit ständig zunehmender Genauigkeit berechnet und experimentell durch hochenergetische Kern-Kern-Kollisionen erforscht werden.

Die eben aufgezählten vier Übergänge waren in der Tat kritische Prozesse, im Sinne des besprochenen kritischen Verhaltens. Bei jeder Stufe wurde eine bis dahin vorhandene Symmetrie des Zustands spontan gebrochen, fiel das Universum von einem Zustand höherer in einen Zustand niedrigerer Symmetrie. Das Bild entspricht einem Urknall, bei dem das Universum maximal symmetrisch war; im Laufe der Zeit wurde diese Symmetrie immer weiter spontan reduziert. Um einen bildhaften Vergleich zu verwenden: Ausgehend von einer dreidimensionalen Kugel entsteht ein zweidimensionaler Kreis, der dann in einen achteckigen Stern übergeht und dieser wiederum in ein Viereck. Die Kugel bleibt unverändert unter allen Raumdrehungen, der Kreis nur noch unter allen solchen in einer Ebene, das Achteck unter acht 45-Grad-Drehungen und das Viereck schließlich nur noch unter vier 90-Grad-Drehungen. Etwas Ähnliches geschieht ja, wenn Wasser zu Eis gefriert: Die Wechselwirkung zwischen den Wassermolekülen bleibt unverändert unter allen Raumdrehungen, aber der Zustand Eis nur noch unter einer endlichen Anzahl (z. B. vier) Drehungen um eine Kristall-Achse. Die Symmetrie der Wasser-Wechselwirkung wird beim Gefrieren spontan gebrochen.

Mit dem letzten Übergang, dem Entstehen der Hadronen und damit auch der Geburt des Vakuums, war aber noch lange nicht der heute vorliegende Aufbau des Universums erreicht. Es folgten, wie schon erwähnt, eine Reihe weiterer Stufen, die aber nach unserer oben eingeführten Terminologie Umwandlungen waren, nicht mehr kritische Übergänge. In dem heißen Hadrongas haben sich in ständigen Kollisionen Hadronen und Antihadronen vernichtet und wieder erzeugt. Dabei sank die Temperatur des Universums unaufhörlich, das heißt, die Energie der umherfliegenden Hadronen wurde immer geringer, sodass von einem Punkt an die Vernichtung, also etwa der Übergang eines Nukleon-Antinukleon-Paares in elektromagnetische Strahlung, durchaus möglich blieb, der umgekehrte Prozess, die Erzeugung eines solchen Paares, hingegen nicht mehr stattfinden konnte. Diese Hadron-Vernichtung («Annihilation») fand zwar nicht gleichzeitig überall statt, aber doch in sehr kurzer Zeit. Etwa eine Sekunde nach dem Urknall wären auf diese Weise alle Hadronen, insbesondere auch alle Nukleonen und Antinukleonen, völlig verschwunden gewesen, das Entstehen von Materie im Universum wäre ausgeschaltet worden – wenn, ja wenn es nicht den kleinen Überschuss gegeben hätte, der in der Baryogenese am Ende der GUT-Epoche entstand. Diese wenigen aus den Überschuss-Quarks gebildeten Nukleonen haben somit die Annihilation all ihrer Artgenossen überleben können – ein Nukleon pro Million von Nukleon-Antinukleon-Vernichtungen. Die Hadron-Ära war zu Ende – sie hatte nur kurz gedauert, von der Hadrosynthese bis zur Annihilation.

In dieser Phase bestand das Universum also im Wesentlichen aus den bereits vorhandenen Elektron-Positron-Paaren sowie aus den in der Hadron-Annihilation erzeugten neuen Paaren, Photonen und Neutrinos. Aber auch diese Lepton-Ära sollte nicht lange anhalten. Schon jetzt hatten sich Elektronen und Positronen ständig vernichtet und wurden dann wieder erzeugt – solange die Temperatur genügend hoch war. Wegen der fortschreitenden Ausdehnung des Universums sank sie aber weiter, und so war bald der Punkt erreicht, an dem die Leptonen das Schicksal der Hadronen teilen mussten. Jetzt verschwanden durch die Lepton-Annihilation alle Elektronen und Positronen bis auf den kleinen Überschuss, der bei der Baryogenese verblieben war, um die elektrische Neutralität des Ganzen zu erhalten. Was Materieteilchen anbetraf, war die Welt nun ziemlich ungleich bevölkert: einige Protonen und Neutronen, genügend Elektronen, um die Protonladungen auszugleichen, und dazu Milliarden von Photonen, die aus der Annihilation hervorgegangen waren. Die Strahlungsära hatte begonnen.

Wir müssen uns nun etwas näher mit dem Schicksal der verbliebenen Protonen und Neutronen befassen. Die Protonen sind, wie wir oben gesehen haben, für alle praktischen Zwecke stabil, zerfallen also nicht (oder erst nach 10^{38} Jahren), während ein Neutron in ca. 15 Minuten in ein Proton, ein Elektron und ein Antineutrino zerfällt: $n \rightarrow p + e^- + \bar{\nu}$. Die Tage der Neutronen waren also gezählt, wenn sich nicht ein Ausweg ergeben würde. Und dieser Ausweg war tatsächlich in Sicht. In der bereits erwähnten Kernfusion bilden ein Proton und ein Neutron zusammen einen Deuterium-Kern, dessen Masse geringer ist als die der beiden Partner. Der Anteil, der dabei dem Neutron zukommt, ist nicht ausreichend, um ein zusätzliches Elektron plus ein Antineutrino zu «finanzieren». In anderen Worten, im Deuterium ist das Neutron gerettet, es kann nun nicht mehr zerfallen. Solange die Elektronen jedoch genügend Energie hatten, konnten sie durch Kollision die neu entstandenen Kerne wieder aufbrechen. Die Kernfusion wurde somit erst effektiv, als die Temperatur des Universums so weit abgesunken war, dass Kern-Aufbrüche ausgeschlossen waren. Das war die eine Grenz-Temperatur – von jetzt an konnte Nukleosynthese stattfinden, es konnten Kerne entstehen. Und es blieb nicht bei Deuterium: Kamen mehr Nukleonen hinzu, bildeten sich größere Kerne, wie Tritium (drei Nukleonen), Helium (vier), und so fort. Aber auch hier war schon wieder ein Ende in Sicht. Ein Helium-Kern besteht aus zwei Protonen und zwei Neutronen. Damit Kernfusion stattfinden kann, müssen die Konstituenten sehr dicht aneinandergebracht werden, damit die sehr kurzreichweitigen Kernkräfte die Bindung herstellen können. Zudem muss bei den Protonen die Aufprallenergie ausreichen, um die elektrische Abstoßung zwischen zwei gleichen Ladungen zu überwinden. Beides erfordert ein dichtes, heißes Medium – aber wiederum nicht so heiß, dass die Elektronen die neugebildeten Kerne wieder zerstören. Auch hier tat sich also wieder ein Temperatur-Fenster auf. In der kurzen verfügbaren Zeit konnten sich Helium und Deuterium bilden sowie etwas Lithium und Beryllium. Für schwerere Kerne war die Zeit zu kurz; sie entstanden erst sehr viel später in dichten Sternen (wir kommen darauf zurück).

Die Welt bestand nun also im Wesentlichen aus leichten Kernen (die verbliebenen Neutronen waren zerfallen), Elektronen, Photonen und Neutrinos. Wegen ihrer außerordentlich schwachen Wechselwirkung mit den anderen Konstituenten waren die Neutrinos bereits in die Freiheit entlassen. Übrig blieb also ein noch immer recht heißes Plasma aus Kernen, Elektronen und Photonen. Da sowohl Kerne als auch Elektronen elektrisch geladen waren, standen die Photonen mit beiden in ständiger Wechselwirkung; noch konnten sie nicht entkommen.

Erst als die Temperatur weiter gesunken war, wurde es für Kerne und Elektronen möglich, sich zu elektrisch neutralen Gebilden zusammenzufinden. Die ersten Atome betraten die Bühne, und damit hatte das Universum den Stand erreicht, den es noch heute innehat. Die Zeit zwischen dem Einsetzen der Nukleosynthese und der Atombildung war für die Skalen des frühen Universums eine Ewigkeit. Etwa 380 000 Jahre nach der Nukleosynthese hatten sich alle Kerne und Elektronen zu Atomen verbunden, und das Universum enthielt nur noch elektrisch neutrale Bestandteile. Da Photonen nur mit elektrischen Ladungen in Wechselwirkung treten können, hatten sie von nun an keine Gegenspieler mehr; sie waren frei und konnten sich ungehindert ausbreiten, bis heute. Wir können jetzt also den Worten Demokrits hinzufügen: «in Wirklichkeit gibt es nur Atome, *Strahlung* und leeren Raum». Dank des verbleibenden Rests an dunkler Energie ist der leere Raum aber nicht stationär, sondern dehnt sich ständig weiter aus. Das hat auf die Strahlung einen gravierenden Effekt, wie wir im nächsten Kapitel sehen werden.

Zunächst aber fassen wir die vielen Stufen, die das Universum seit dem Urknall durchlaufen hat, noch einmal in einem Bild zusammen. Es ist unterteilt in einen frühen, heißen, extrem dichten Teil,

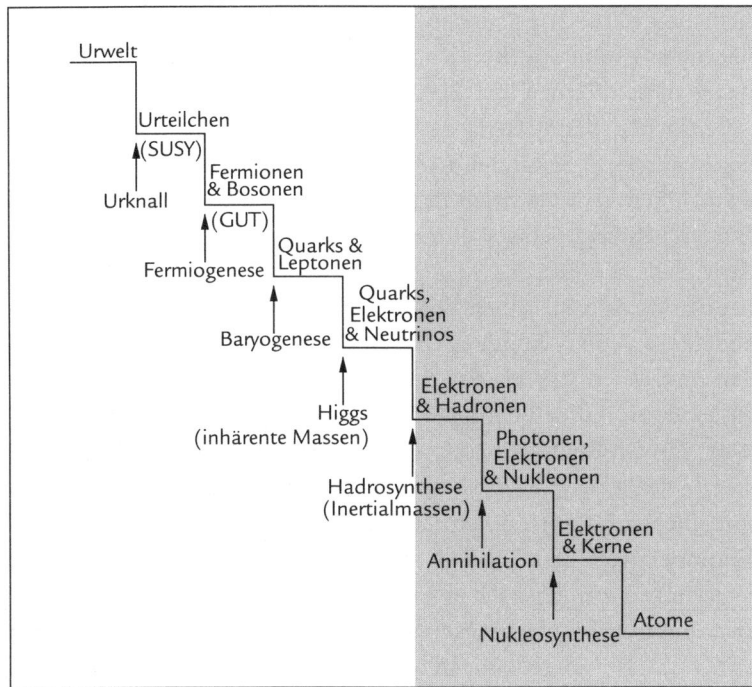

Übergangsstufen des Universums vom Urknall bis zur Entstehung von Atomen; im dunklen Bereich existiert das physikalische Vakuum bereits.

vor der Entstehung des leeren Raums in Form des physikalischen Vakuums, und einen immer noch recht heißen und dichten Teil, in dem es aber bereits leeren Raum gibt, die Bühne für all das, was danach kam und heute noch existiert.

In diesem Bild zeigen wir nur, was aufeinanderfolgend in der Entwicklung des frühen Universums passiert ist. Es ist aber natürlich auch von Interesse, zu erfahren, zu welchen Zeiten «nach dem Urknall» das geschah und in welchem Zustand das Universum damals war, sprich «wie heiß». Je weiter zurück man geht, desto ungewisser werden die Antworten auf diese Fragen. Versuchen wir es trotzdem, und beginnen wir mit der Zeit.

Wie schon mehrmals erwähnt, ist das heutige atomare Universum etwa 380 000 Jahre nach dem Urknall entstanden; damals haben sich die elektrisch geladenen Kerne und Elektronen zu elektrisch neutralen Atomen verbunden. Davor lag die Strahlungsära, in der neben diesen Kernen und Elektronen Photonen, also Strahlung, die wesentlichen Bestandteile des Universums bildeten. Diese Epoche begann etwa 10 Sekunden nach dem Urknall; zu diesem Zeitpunkt vernichteten sich die vielen Elektronen und Positronen der davorliegenden Lepton-Ära fast vollständig und gingen so in Strahlung über. Aber eben nur *fast*; denn einige Elektronen mussten ja für unsere heutige Welt übrig bleiben. Die wiederum davor liegende Hadron-Ära endete etwa eine Sekunde nach dem Urknall, als den Nukleonen und Antinukleonen das gleiche Schicksal widerfuhr: Sie vernichteten einander bis auf den heutigen Rest und erzeugten ansonsten Strahlung. Ein Großteil der heute vorhandenen Photonen ist also in diesen beiden Übergängen entstanden, durch Nukleon-Antinukleon- und Elektron-Positron-Vernichtung. Die Hadron-Ära begann 10^{-5} Sekunden nach dem Urknall, als die Dichte des Universums so weit abgesunken war, dass die erforderliche Quark-Dichte in Gefahr geriet, unterschritten zu werden. Die Quarks und Antiquarks mussten sich nun also notgedrungen zu Hadronen und Antihadronen verbinden.

Durch Berechnungen im Rahmen der Quantenchromodynamik und durch Kern-Kern-Kollisionsexperimente ist dieser Übergang theoretisch wie experimentell einigermaßen gut abgesichert. Davor liegt der Higgs-Übergang, an dem Quarks und Leptonen ihre kleine inhärente Masse erhielten. Durch die Bestimmung der Masse des Higgs-Bosons am CERN hat man auch hier eine empirische Basis. Was davor liegt, ist in hohem Maße unsicher und von den zugrunde gelegten theoretischen Vorstellungen abhängig. So versucht man, den GUT-Übergang, an dem sich die Urfermionen in Quarks und Leptonen aufgespaltet haben, durch eine Extrapolation der bisher gemessenen Energieabhängigkeiten der Kopplungen für die starke und die elektroschwache Wechselwirkung zu bestimmen: Wann werden die beiden verschiedenen Wechselwirkungsformen gleich stark? Das wäre dann der Anfang der GUT-Epoche.

Bisherige Überlegungen führen dabei auf die Angaben in den beiden Schaubildern. Danach sollte der GUT-Übergang noch vor dem Ende der Inflation stattgefunden haben. Das ist an sich nicht möglich, da ja erst am Ende der Inflation, beim Absturz in den richtigen Grundzustand, die für die Entstehung von Teilchen notwendige Energie zur Verfügung stand. Die Werte sind also nicht konsistent. Hier kann man nur anmerken, dass heute weder die 10^{-34} Sekunden für das Inflationsende noch die 10^{-35} Sekunden für den GUT-Übergang so genau festliegen, dass man daraus irgendwelche Schlüsse ziehen kann. Sofern supersymmetrische Überlegungen zum Ziel führen, sollte es schließlich noch einen allerersten Übergang gegeben haben, an dem sich Urteilchen in Fermionen und Bosonen aufgespaltet haben. Ein solcher Übergang, wie ja schon der GUT-Übergang, liegt zurzeit außerhalb unseres Verständnisbereichs. Die übrigen, besser bekannten Zeit- und Temperaturskalen sind auf dem Schaubild schematisch dargestellt.

An dieser Stelle sollten wir vielleicht noch einmal betonen, dass das hier gezeigte Bild der «neuen» Kosmologie entspricht, die auf den Arbeiten von Guth, Linde und anderen beruht. Sie geht davon

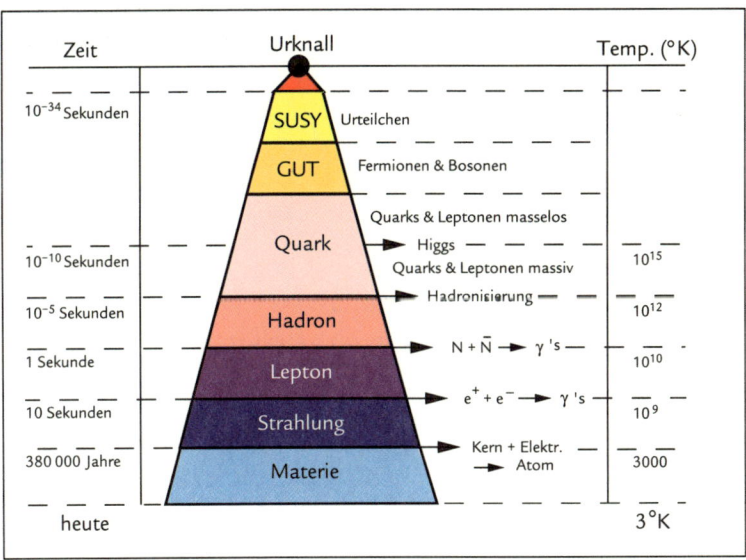

Zeit- und Temperaturskalen in der Evolution des Universums

aus, dass unser Universum aus dem Multiversum ständig entstehender Blasen als eines von vielen hervorgegangen ist. Das Entstehen unserer Blase und die nachfolgende Inflation sind dann physikalische Vorgänge. Die «alte» Kosmologie hingegen ging von der allgemeinen Relativitätstheorie aus, die auf eine zeitliche und räumliche Singularität führt – auf einen einmaligen Urknall jenseits aller «normalen» Physik. Diesem folgte die sogenannte Planck-Ära, in der alle Kräfte, einschließlich der Schwerkraft, vereinigt waren. Das Ausscheren der Schwerkraft und die Inflation erfolgten in diesem Bild kurz nach dem Urknall, wenn auch nicht sehr viel später (nach etwa 10^{-45} Sekunden). Dieses «alte» Bild leidet einerseits darunter, dass es noch keine Quantengravitation gibt, also eine Quantenfeldtheorie, in der die starke und die elektroschwache Wechselwirkung mit einer Schwerkrafttheorie verkoppelt werden; es ist nicht einmal klar, ob die klassische Singularität in einer Quantengravitation überhaupt noch vorhanden wäre. Zum anderen wissen wir heute nicht, wie die Schwerkraft als möglicherweise emergente Wechselwirkung in einen solchen Rahmen einzuordnen wäre. Begrifflich jedenfalls scheint die «neue» Kosmologie ein recht befriedigendes einheitliches Bild zu bieten – allerdings auf Kosten der direkten experimentellen Überprüfbarkeit verschiedener Konzepte.

Und Gott sprach: es werde Licht. Und es ward Licht.

Genesis 1.3

5. Das Leuchten des Urknalls

ist heute mit bloßem Auge nicht mehr sichtbar; es ist aber trotzdem noch vorhanden, überall gleichmäßig verteilt in unserem Universum. Es ist die bereits erwähnte kosmische Hintergrundstrahlung, die 1964 von Arno Penzias und Robert Wilson entdeckt wurde. Die Wellenlängen des für uns sichtbaren Lichts reichen von Ultraviolett (4×10^{-7} m) bis Infrarot ($7,5 \times 10^{-7}$ m). Die vom Urknall verbliebene 2,7-Grad-Kelvin-Strahlung hingegen hat heute eine mittlere Wellenlänge von etwa einem halben Millimeter und liegt damit im Mikrowellenbereich. Als sie entstand, etwa 380 000 Jahre nach dem Urknall, war sie tausendmal kürzer, also noch im gelb-orangenen Bereich des sichtbaren Lichts. Damals war der Himmel nachts nicht dunkel, sondern leuchtend gelb! Kurz danach ging dann für uns dieses Licht aus; aber wenn es irgendwelche anderen Lebewesen geben würde, die Sensoren für diesen Wellenbereich hätten, dann wäre für sie auch heute der Nachthimmel nicht dunkel. Ein solcher Sensor steht uns heute in der Tat zur Verfügung: Unser Fernsehbildschirm sieht, wenn kein Sender empfangen wird, das bekannte milchige Flackern. Ein kleiner Teil davon (etwa 1 Prozent) stammt aus der kosmischen Hintergrundstrahlung. Zwischen zwei Programmfrequenzen sendet also unter anderem der Urknall.

Wie wir im letzten Kapitel gezeigt haben, gab es in der Welt etwa 380 000 Jahre nach dem Urknall, nachdem sich Elektronen und

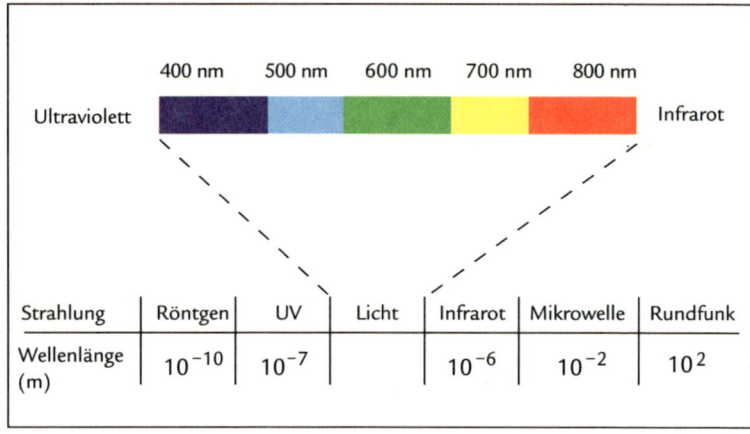

Das Spektrum der elektromagnetischen Strahlung (1 nm = 10⁻⁹ m)

Kerne zu elektrisch neutralen Atomen verbunden hatten, nichts mehr, mit dem die verbliebenen Photonen irgendeine Form von Wechselwirkung eingehen konnten. Für die Photonen war die Welt von diesem Punkt an durchsichtig. Mithin besteht die kosmische Hintergrundstrahlung, die wir heute messen, aus den damals in die Freiheit entlassenen Photonen. Sie sind unverändert, nur dass durch die Expansion des Raums ihre Wellenlängen entsprechend vergrößert wurden. Aus heutigen Experimenten weiß man, dass Wasserstoffatome bei etwa 3000 Grad Kelvin ionisiert werden, also in ungebundene Protonen und Elektronen zerfallen. Damals muss also eine entsprechende Temperatur geherrscht haben, und da die Hintergrundstrahlung heute etwa tausendmal kühler ist, hat sich der Raum seit der Zeit um einen Faktor 1000 ausgedehnt.

Die Verteilung der Photonen enthält ansonsten noch alle Informationen, die ihnen damals, zur Zeit ihrer Befreiung, mit auf den Weg gegeben wurden. Dabei handelt es sich auch um die frühesten direkten Informationen, die wir aus der Frühzeit unseres Universums erhalten können. Vor diesem Zeitpunkt bestand die Welt aus einem wechselwirkenden Plasma von Elektronen, Kernen und Photonen; danach gab es nur noch elektrisch neutrale Atome, sodass die Photonen keine Partner für eine Wechselwirkung mehr hatten. Die Entste-

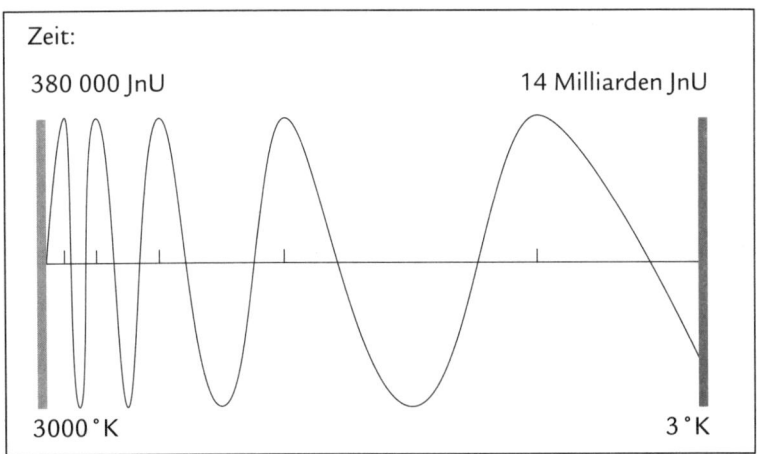

Zeit:

380 000 JnU   14 Milliarden JnU

3000 ° K   3 ° K

Die Dehnung der Photon-Wellenlänge durch die Raumexpansion

hungszeit der Atome – die Kosmologen sprechen von der *Zeit der letzten Streuung* oder *der Entkopplung* –, diese Zeit ist für uns so etwas wie eine zeitliche Wolkendecke, durch die wir nicht hindurchsehen können. Alles Frühere können wir nur indirekt erschließen. Deshalb müssen wir heute in der unwahrscheinlich hohen Gleichförmigkeit der kosmischen Hintergrundstrahlung nach irgendwelchen winzigen Unregelmäßigkeiten suchen, die uns Hinweise darauf geben können, was davor und jenseits der Wolkendecke geschah.

Penzias und Wilson haben die Hintergrundstrahlung rein zufällig entdeckt. Sie hatten im Auftrag der Bell Telephone Company die Möglichkeiten von Mikrowellenkommunikation mit Ballons in großer Höhe untersucht und waren dabei auf eine mysteriöse Störstrahlung gestoßen, für die sie keine Quelle fanden. Diese Strahlung war Tag und Nacht sowie in allen Himmelsrichtungen vorhanden. Nachdem gleichzeitig eine Gruppe von Theoretikern in Princeton die Urknall-Strahlung vorhergesagt hatte, wurde klar, woher die angeblichen Störeffekte kamen.

Penzias und Wilson haben die Strahlung nur bei einer bestimmten Wellenlänge gemessen. Nachfolgende Untersuchungen durchmaßen das ganze Spektrum und stellten fest, dass es mit unerhörter Genauig-

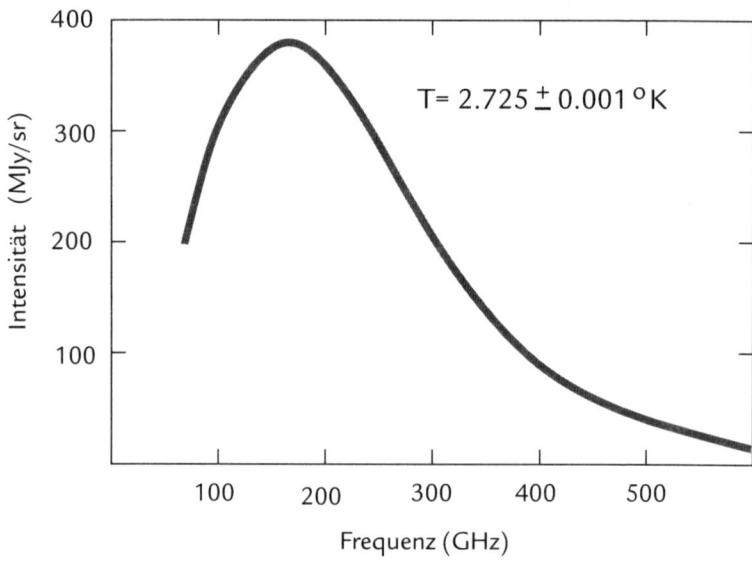

Das Spektrum der kosmischen Hintergrundstrahlung, Theorie und COBE-Daten

keit das Hohlraumspektrum bei einer Temperatur von 2,725 Grad Kelvin war. Die Form dieses Spektrums entspricht exakt dem, was man in einem auf die gegebene Temperatur gebrachten Behälter für die emittierte Strahlung misst; sie entspricht also der erwarteten Verteilung für den Fall, dass zu einem früheren Zeitpunkt ein perfektes einheitliches Gas von Photonen freigesetzt wurde. Im Bild oben sind Messungen, die mit einem Spezialdetektor (COBE) per Weltraumsatelliten durchgeführt wurden, mit der vorgegebenen Spektralfunktion verglichen – auch wenn sich das gar nicht erkennen lässt. Hier liegt einer der seltenen Fälle in der Physik vor, bei dem die Messfehler wesentlich kleiner sind als die Dicke der angeführten Theorie-Kurve. Mit dieser unglaublichen Genauigkeit findet man also überall im Universum Hohlraumstrahlung von 2,725 ± 0,001 Grad Kelvin.

Die Messung der kosmischen Hintergrundstrahlung erfolgte in Wirklichkeit aber nicht so einfach. Der Vorgang lässt sich mit dem Versuch vergleichen, in einem dampfgefüllten Raum durch verschmutzte Fensterscheiben nach draußen zu blicken. Insbesondere

Wolken und andere Gaseffekte beeinflussen auf der Erde die Messgenauigkeit beträchtlich. Deshalb begann die Präzisionsphase erst mit Weltraumsatelliten, die weit entfernt von der Erde ihre Messungen tätigten und zunehmend feinere Auflösungen brachten. Den Anfang machte Ende der neunziger Jahre der *Cosmic Background Explorer* (COBE), für dessen Ergebnisse der Leiter George Smoot und sein Mitarbeiter John Mather 2006 den Nobelpreis für Physik erhielten; wir haben gerade das wesentliche Resultat gezeigt. Der nächste Schritt kam mit der *Wilkinson Microwave Anisotropy Probe* (WMAP). Die darauffolgende Stufe bildet der Planck-Detektor, der 2009 mit einer Ariane-Rakete in die Umlaufbahn gebracht wurde und der in Kürze neue Ergebnisse bringen sollte; wir kommen darauf gleich noch zurück.

Aber auch all diese Messungen mussten zunächst noch für Effekte korrigiert werden, die zu erwarten waren, aber nichts mit dem Urknall zu tun haben. Das auf Seite 104 gezeigte Bild ist bereits entsprechend korrigiert. Das Ganze erinnert ein bisschen an *Sciencefiction;* wir befinden uns hier nämlich auf dem

Raumschiff Erde.

Unsere Erde umkreist die Sonne mit etwa 30 km/s, die Sonne bewegt sich um den Mittelpunkt unserer Galaxie wiederum mit 220 km/s, und schließlich ist auch die Galaxie relativ zum Rest des beobachtbaren Universums nicht stationär. Als Summe all dieser Effekte bewegen wir uns hier auf der Erde mit etwa 390 km/s in einer wohldefinierten Richtung durch den Weltraum, der den Behälter für die kosmische Hintergrundstrahlung bildet – der Raum, in dem die gesamte Materie des beobachtbaren Universums ruht.

Die Folge davon ist aus der Welt der Schallwellen allgemein bekannt: Wenn wir uns auf die Quelle dieser Wellen hinbewegen, wird die Wellenlänge kürzer, der Ton höher. Im anderen Fall, beim Entfernen von der Quelle, steigt die Wellenlänge an, die Tonhöhe sinkt. Die Physiker nennen das den Doppler-Effekt, nach dem österreichischen Physiker Christian Doppler.

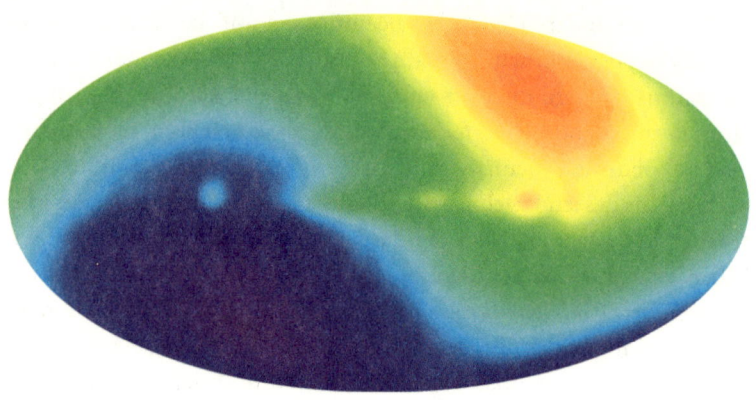

Doppler-Verschiebung der kosmischen Hintergrundstrahlung

Wenn wir nun auf unserem Raumschiff Erde mit einer bestimmten Geschwindigkeit durch die Wellen der Hintergrundstrahlung fliegen, dann wird die Länge dieser Wellen nach vorne verkürzt, nach hinten verlängert. Das bedeutet eine Ultraviolettverschiebung in Fahrtrichtung und eine Infrarotverschiebung rückwärts. Diese Verschiebungen lassen sich klar beobachten; sie zeigen uns einerseits an, in welcher Richtung wir durch den Weltraum fliegen. Zum anderen müssen sie natürlich entfernt werden, um das korrekte Spektrum der Hintergrundstrahlung zu erhalten. Der Effekt ist oben schematisch dargestellt, wobei die Farben natürlich nur die Verschiebungsrichtung andeuten sollen, wenn sich die Erde von oben rechts nach unten links durch den Raum bewegt.

Natürlich muss dieser Effekt von der beobachteten Temperaturverteilung der kosmischen Hintergrundstrahlung «abgezogen» werden, bevor man irgendwelche Aussagen machen kann. Ein weiterer Effekt wird durch Gaswolken erzeugt, die in der Ebene unserer Galaxie kreisen; gerade neuerdings hat man einige Schlüsse über das frühe Universum korrigieren müssen, da diverse gemessene Effekte doch letztlich von interstellaren Staubwolken herrührten.

Ist all das berücksichtigt, erhält man schließlich das folgende Bild, das bereits vom Planck-Detektor stammt. Man sieht jetzt in

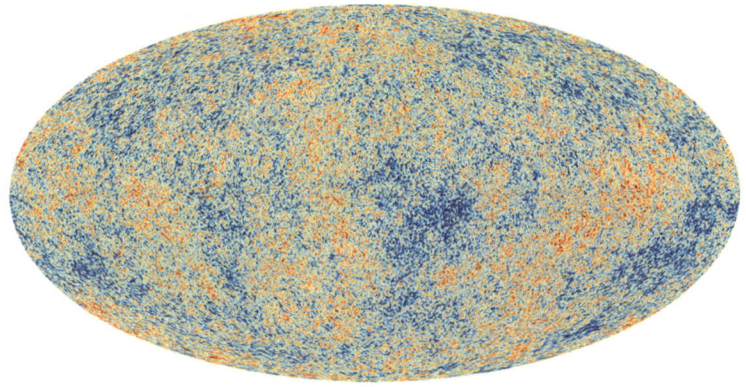

Verteilung der kosmischen Hintergrundstrahlung über den sichtbaren Himmel (Planck-Detektor)

der Tat Abweichungen von einer einheitlichen Temperatur, wobei den verschiedenen Farben hier Fluktuationen von weniger als einem tausendstel Prozent entsprechen, die blauen sind kühler, die roten wärmer. Die Information, die uns die Strahlung über das Universum vor der Zeit der letzten Streuung liefern kann, beruht also auf sehr kleinen Unebenheiten! Was können wir daraus entnehmen?

Zunächst sei noch einmal betont, dass dieses Bild im Mittel einer einheitlichen Temperatur von 2,725 Grad Kelvin entspricht. Vor diesem Hintergrund wenden wir uns nun den erwähnten winzig kleinen Abweichungen zu. Warum sind die Photonen, die aus gewissen kleinen Flecken des Universums kommen, etwas wärmer oder etwas kälter?

Dabei gilt es zu beachten, dass die inhomogene Struktur des heutigen Universums, mit Sternen und Galaxien einerseits und leerem Raum andrerseits, irgendwann entstanden sein muss. Es kann nicht immer alles absolut gleichförmig gewesen sein, und plötzlich war die Welt «verklumpt». Selbst die Schwerkraft kann in einem vollkommen gleichförmigen Gas keine Klumpen erzeugen. Deshalb haben Kosmologen schon lange behauptet, dass man in der Temperaturverteilung der kosmischen Hintergrundstrahlung unbedingt

Abweichungen von einer totalen Gleichförmigkeit finden *muss*, wenn man nur genau genug hinschaut. Und die Verbesserung der Beobachtungsmethoden, von COBE über WMAP bis Planck, brachte exakt die erforderliche Erhöhung der Genauigkeit.

Es gab somit vor der Entkopplung der Photonen, in dem heißen Plasma von Kernen, Elektronen und Photonen, gewisse, wenn auch sehr geringe Unregelmäßigkeiten in der Dichte des Mediums. Diese müssen in noch früheren Stadien entstanden sein, zur Zeit der Inflation als winzige Quantenfluktuationen in der expandierenden Urwelt. In dem Urmedium, so die Quantentheorie, gab es kurzzeitig wiederum kleine Blasen höherer oder geringerer Energiedichte, ähnlich der Blase, aus der unser Universum auch selbst einmal entstanden ist. Durch die Inflation wurde einerseits die räumliche Ausdehnung dieser Fluktuationen dramatisch vergrößert, zum anderen wurde ihre Abweichung vom Mittel weitgehend reduziert, alles wurde geglättet, bis auf die heute noch vorhandenen tausendstel Prozent. Die so entstandenen makroskopischen Bereiche geringfügig höherer Dichte gaben dann später der Schwerkraft eine Chance, Gaswolken zu erzeugen und daraus dann noch später Sterne und Galaxien.

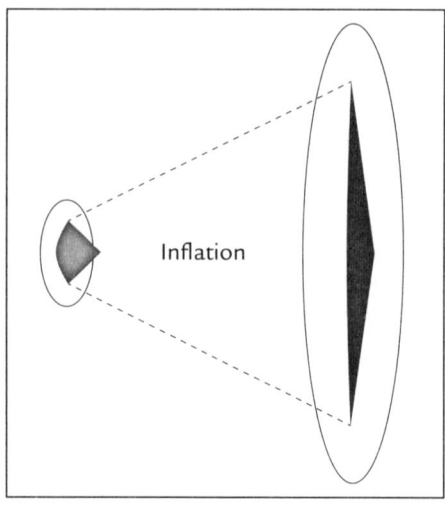

Ausdehnung einer Quantenfluktuation

Inflation

Bei der Entkopplung von Materie und Photonen hatten Photonen, die aus einem Bereich dichterer Materie entkommen waren, eine stärkere Schwerkraft zu überwinden als solche in Gebieten weniger dichter Materie. Die einen wurden abgebremst, in ihrer Wellenlänge «infrarotverschoben», während die anderen es leichter hatten und schneller, also «ultraviolettverschoben» erschienen. Die in der Temperaturverteilung der kosmischen Hintergrundstrahlung auftretenden geringen Unregelmäßigkeiten sind somit in der Tat Zeugen von Fluktuationen, die auch die «Samen» der späteren Struktur des Universums bildeten, den Ursprung von Sternen und Galaxien. Was in der frühesten Frühzeit nur ein kleines Fleckchen geringfügig höherer Dichte war, wurde später einmal zur Milchstraße, lange nachdem es die kleinen Unregelmäßigkeiten im Spektrum der kosmischen Hintergrundstrahlung erzeugt hatte.

Aber es gibt noch mehr, was man dieser Strahlung entnehmen kann. Im Plasma stehen die Anziehung der Schwerkraft und der ausdehnend wirkende Druck des heißen Mediums in Konkurrenz. Ein Bereich leicht höherer Dichte zieht sich durch die Schwerkraft zusammen; damit steigt aber die Temperatur, und irgendwann dehnt sich das Gebiet durch den Strahlungsdruck dann wieder aus. Ein solcher Vorgang, eine zeitlich variierende Ausdehnung und Kontraktion eines Mediums, ist uns in anderer Umgebung durchaus geläufig: so etwas geschieht in Schallwellen. In gewisser Weise entsteht zur Zeit der letzten Streuung also nicht nur das Leuchten, sondern auch

das Lied des Urknalls.

Die Dichte-Oszillationen im Plasma wirken so ähnlich wie ein Unterwasser-Blasebalg, der in einem festen Rhythmus komprimiert und wieder losgelassen wird. Die daraus resultierenden Druckstöße erzeugen Schallwellen, die sich durch das Wasser fortpflanzen. Wale und Delphine benutzen einen solchen Vorgang zur Kommunikation, und auch unsere Schallwellen in der Luft gleichen dem in vieler Hinsicht. Auf diese Weise lassen die aus Quantenfluktuationen hervorgegangenen kleinen Unregelmäßigkeiten in der Dichte das frühe Universum singen. In dem am Ende der Inflation entstandenen räumlichen Bereich bilden sich «Klangkörper», deren Größe durch die Schallwellen-Geschwindigkeit im Plasmamedium bestimmt ist. Ein Klangkörper besteht aus dem räumlichen Bereich, der in der Zeit bis zur Entkopplung durch eine Schallwelle erreichbar ist. Da die Schallwellen sich in dem Plasma mit etwa 57 Prozent der Lichtgeschwindigkeit ausbreiten, hat das so gebildete Gebiet einen räumlichen Radius von ca. 200 000 Lichtjahren in jeder Richtung und eine Lebensdauer von 380 000 Jahren bis zur Entkopplung. Die Dichteänderungen erzeugen Schwerkraftänderungen, und diese wiederum verschieben durch die resultierende Berg-und-Tal-Struktur dann geringfügig das Spektrum der Photonen. Da zur Zeit der letzten Streuung Materie und Photonen entkoppelt werden, wird an diesem Punkt der Blasebalg außer Kraft gesetzt, das Lied sozusagen eingefroren. Die Aufgabe der Satelliten ist damit

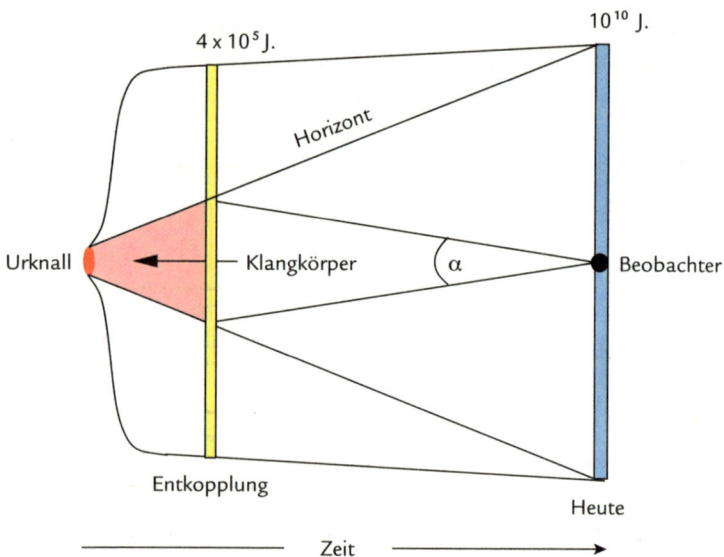

Der Klangkörper des Urknalls

klar: so genau zu messen, dass die eingefrorene Melodie erkennbar wird. Was dazu nötig ist, ist im Bild auf Seite 110 angedeutet. Der Beobachter muss den Strahlungshimmel in einem so kleinen Winkel anpeilen, dass er genau einen Klangkörper erfasst, und nicht mehr; denn sonst kommen andere Klänge dazu und es entsteht eine Kakophonie. Der Klangkörper hatte zur Zeit der Entkopplung eine Größe von etwa 200 000 Lichtjahren. Durch die Raumexpansion um einen Faktor 1000 werden daraus heute 200 Millionen Lichtjahre. Das ergibt für den Beobachter einen Winkel α von etwas mehr als einem Grad. Bis zu diesem Winkel erhält er den Ausstoß des Ur-Klangkörpers; bei größeren Winkeln empfängt er einen über verschiedene Sender gemittelten Wert und nähert sich so mehr und mehr einer Gleichverteilung. Nur bei dem erwähnten kleinen Winkel können wir auf einen reinen Klang hoffen.

Die Wellenlänge der so entstehenden «Töne» ist bestimmt durch die Schallgeschwindigkeit im gegebenen Medium und die Größe des Klangkörpers, hier also der Länge der verfügbaren Zeit. Bei den eben erwähnten Werten führt das auf eine Wellenlänge von etwa 200 000 Lichtjahren für den Grundton des Gesangs, gemessen zur Zeit der Entkopplung. Seitdem hat sich das Universum um einen Faktor 1000 ausgedehnt, und so sind auch die Wellen des kosmischen Schalls entsprechend angewachsen. Damit beträgt die Wellenlänge des Grundtons für uns heute etwa 200 Millionen Lichtjahre. Zusätzlich zum Grundton erhält man dann noch die Übertöne von

Grundton und die nächsten beiden Obertöne (von oben nach unten)

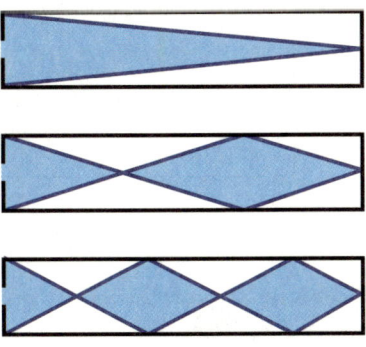

ganzzahlig höheren Frequenzen, also von kürzeren Wellenlängen. Im Bild auf Seite 111 ist diese Struktur für eine geschlossene Flöte dargestellt.

All diese Wellen erzeugten also die «Dichte-Landschaft», die Berge und Täler, aus denen die Photonen sich in unsere Welt hervorarbeiten mussten – mit dem Ergebnis, dass ihr Spektrum durch diese Arbeit nach oben oder unten verschoben wurde und so zu dem Flickenteppich der kosmischen Hintergrundstrahlung führte, sofern man genau genug hinschaut.

Um den Grundton zu erfassen, muss man, wie gezeigt, die Strahlung in einem Winkel von einem Grad beobachten. Um die Obertöne zu bekommen, müssen entsprechend kleinere Winkel gewählt werden. Was man dann als Funktion des Beobachtungswinkels sieht, ist im folgenden Bild schematisch dargestellt. Bei der hier angedeuteten Regelmäßigkeit der Obertöne handelt es sich jedoch um eine Idealisierung. In Wirklichkeit übt das im Weltraum bereits vorhandene Medium eine dämpfende Wirkung aus.

Was lässt sich einer solchen Messung nun entnehmen? Eine ganz wesentliche Frage, die mit Hilfe des ersten Maximums geklärt werden

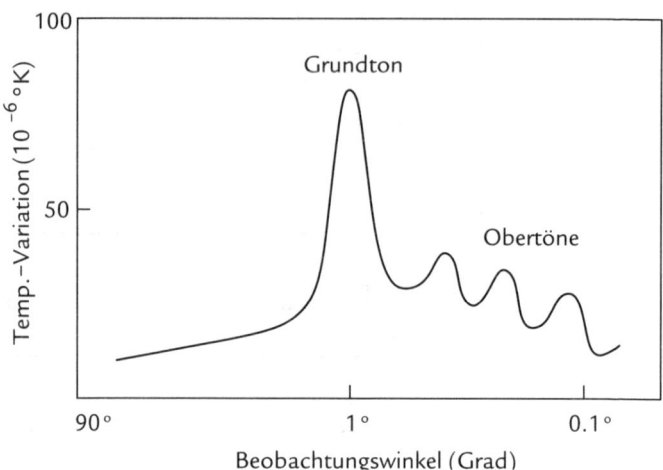

Variation der Temperatur der kosmischen Hintergrundstrahlung als Funktion des erfassten Beobachtungswinkels

kann, ist die nach dem Raum, in dem das alles abläuft. Wie ist er geformt? Wir erinnern uns, dass man vor langer Zeit einmal meinte, die Erde sei eine Scheibe, also eine Ebene – auch wenn schon früh Zweifel daran aufkamen. Wir wollen diese Frage jetzt in einen sehr viel größeren Rahmen stellen.

Die Form des Raums,

in dem unser Universum «stattfindet», also die Form der Bühne, auf der alles abläuft, bedarf der Klärung. Die bekannteste Form ist natürlich ein flacher Raum, wie er in unserer täglichen Welt vorliegt; dort treffen sich zwei Parallelen nie, und die Summe der Winkel eines Dreiecks ergibt 180 Grad. Beinahe von Natur aus stellen wir uns den Raum so vor; aber das taten unsere Vorfahren mit der Erdscheibe ja schließlich auch. Eine mögliche Alternative dazu erhält man, wenn man sich eine Kugeloberfläche vorstellt und den Raum als die äußere Fläche betrachtet. Jetzt treffen sich alle zum Äquator senkrecht ausgehenden Parallelen am Nordpol – nämlich unsere Längengrade –, und die Winkel eines Dreiecks zwischen Äquator als Basis und Nordpol als Spitze addieren sich zu 270 Grad. Das Prinzip lässt sich auch auf drei Raumdimensionen übertragen, selbst wenn dabei alles etwas komplizierter wird. Für unsere Überlegungen aber führt die Wahl zwischen den beiden Möglichkeiten zu einer nachprüfbaren Aussage.

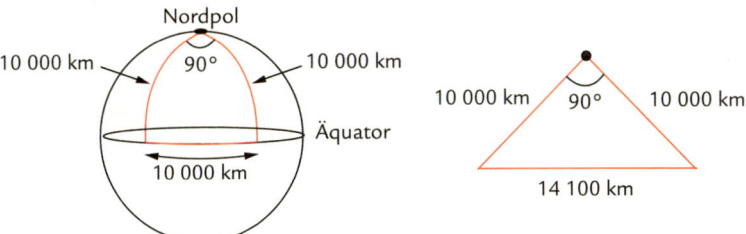

Weglängen auf einer Kugeloberfläche (links) und auf einer Ebene (rechts)

Wenn zwei Forscher auf der Erdoberfläche vom Nordpol Richtung Äquator aufbrechen, bei einem Winkel von 90 Grad zwischen ihren Ausgangswegen, dann treffen sie nach 10 000 km am Äquator ein und sind dort 10 000 km voneinander entfernt. Wäre die Erde flach, dann wäre die Distanz zwischen ihnen nach ihren jeweils 10 000 km langen Reisen sehr viel größer, nämlich etwa 14 100 km. Anders gesagt, in der «Kugelwelt» schrumpfen die Entfernungen; aus 14 100 km werden 10 000 km.

Erfreulicherweise können wir diesmal aber bei unserem altbekannten Bild des flachen Raums bleiben. Wenn wir wissen, wie groß der Klangkörper bei der Entkopplung war, dann ergibt sich daraus im Falle eines flachen Raums (in zwei Dimensionen wäre das ein Dreieck in der Ebene) tatsächlich der angegebene Beobachtungswinkel, also etwa ein Grad, für das erste Maximum. Im Falle einer Kugelwelt würde der Winkel entsprechend kleiner, in zwei Dimensionen um ein Drittel. Die Beobachtungen zeigen, dass das nicht geschieht – unser Universum ist flach, so wie wir es auch aus unserer engeren Umgebung gewohnt sind.

An dieser Stelle ist es vielleicht nützlich, zwei Dinge noch einmal zu unterscheiden: die Form des Raums und seine Ausdehnungsrate; auf die Letztere kommen wir im 8. Kapitel zurück. Die heutige *Raumform* kann sphärisch, flach oder auch hyperbolisch (sattelförmig) sein. Projizieren wir für diese drei Fälle das Verhalten von Dreiecken auf eine Ebene, entsteht folgendes Bild:

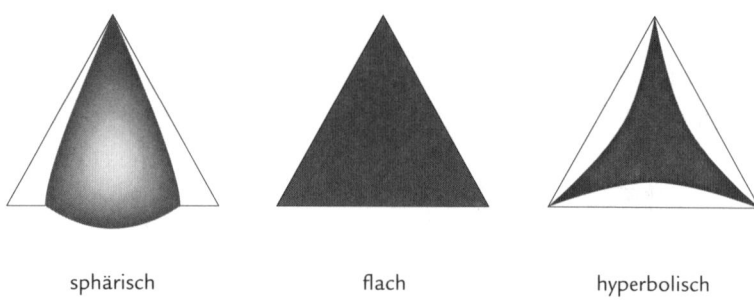

sphärisch   flach   hyperbolisch

Dreiecksformen bei verschiedenen Raumstrukturen

Während sich bei der flachen Form die drei Winkel zu 180 Grad aufaddieren, ergibt ihre Summe im sphärischen Fall mehr und im hyperbolischen Fall weniger.

Nun ist aber die Bühne für die tatsächliche kosmische Hintergrundstrahlung nicht leer; und das hat, wie wir von Einstein wissen, einen Einfluss auf die Raumstruktur. Zunächst gibt es die uns bekannte «sichtbare» Materie, Planeten, Sterne, Galaxien. Dazu kommt noch ein für die heutige Astrophysik recht unbequemer Mitspieler.

Galaxien wie die Milchstraße werden ja von der Schwerkraft der teilnehmenden Himmelskörper zusammengehalten; deren Schwerkraft bestimmt die Form und die Größe der Galaxie, so wie Sonne und Planeten die Form und die Größe unseres Sonnensystems bestimmen. Auch bei der Milchstraße muss die Bewegung aller Sterne mit der vorgegebenen Schwerkraft der Galaxie in Einklang sein. Das stimmt aber nicht: Um eine Galaxie wie die Milchstraße zusammenzuhalten und die Bewegung ihrer Sterne zu bestimmen, benötigt man viel mehr Materie als die bekannte sichtbare, sehr viel mehr; wir kommen in Kapitel 7 noch detaillierter auf die Begründung dafür zurück. Es muss also wieder einmal ein unbekannter Faktor ins Spiel gebracht werden, die *dunkle Materie,* nicht zu verwechseln mit der dunklen oder Raumenergie.

Die für die Form und Größe der Galaxien benötigte dunkle Materie ist ein Vielfaches der sichtbaren Materie – sie muss vorhanden sein, nur sehen kann man sie nicht; sie tritt mit unserer Welt einzig über die Schwerkraft in Wechselwirkung. Wie so etwas in den Rahmen unserer Vorstellungen passt, ist bisher eine offene Frage; nicht einmal ein schwarzes Loch kommt in Frage, da die dunkle Materie über einen großen Bereich verteilt sein muss, während ein schwarzes Loch ja außerordentlich konzentriert ist. Auf jeden Fall muss das Universum insgesamt sehr viel mehr Materie enthalten als jenen Teil, den wir sehen können. Diese Gesamtmenge trägt wesentlich zur Schwerkraft im Universum bei, sie tendiert dazu, es zu krümmen. Um das zu verhindern, brauchen wir zusätzlich die bereits viel zitierte dunkle oder Raumenergie, die das Gegenteil bewirkt. Wenn wir von den heute vorliegenden Bedingungen ausgehen, muss diese Raumenergie etwa 3/4 der Gesamtenergie des Univer-

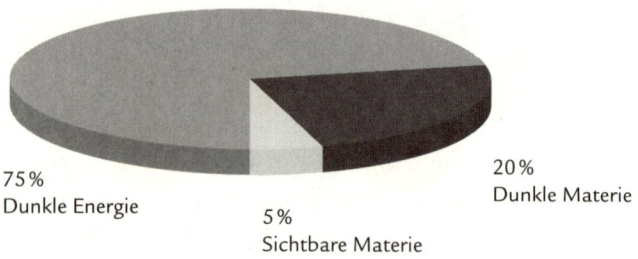

75 %
Dunkle Energie

5 %
Sichtbare Materie

20 %
Dunkle Materie

Der heutige Inhalt unseres Universums

sums ausmachen: also 3/4 dunkle Raumenergie, 1/5 dunkle und 1/20 sichtbare Materie, wie oben dargestellt.

Die sichtbare Materie können wir messen. Die Struktur der Milchstraße erfordert zusätzlich viermal so viel unsichtbare dunkle Materie, um die Schwerkraft zu erhalten, die für Form und Zusammenhalt der Galaxie erforderlich ist. Die Position des ersten Maximums im Spektrum der kosmischen Hintergrundstrahlung zeigt, dass der heutige Raum des Universums insgesamt flach ist. Das erfordert die weiteren 75 Prozent dunkle Energie, deren Ausdehnungskraft die Anziehung der Schwerkraft von dunkler und sichtbarer Materie kompensiert und so einen flachen Raum ermöglicht. Auf all das kommen wir in Kapitel 7 noch im Detail zurück.

Die weitere Untersuchung der kosmischen Hintergrundstrahlung ist heute in vollem Gange. Ein in letzter Zeit häufig diskutierter Aspekt dieser Strahlung ist ihre *Polarisierung*. Licht ist eine elektromagnetische Welle, deren Stärke senkrecht zur Bewegungsrichtung «oszilliert». Ein normaler Lichtstrahl besteht aus einer Überlagerung solcher Wellen, die in beliebigen Richtungen oszillieren; in diesem Fall spricht man von *unpolarisiertem* Licht. Wird nun ein solcher Strahl durch einen Schlitz geschickt, der nur Oszillationen in einer Richtung «durchlässt», dann oszilliert das Licht auf der anderen Seite nur noch in der Richtung des Schlitzes; die anderen Komponenten sind nun aufgehalten: das Licht ist *polarisiert*.

Im folgenden Bild ist ein Lichtstrahl einfachheitshalber als Überlagerung von zwei senkrecht zueinander oszillierenden Wellen darge-

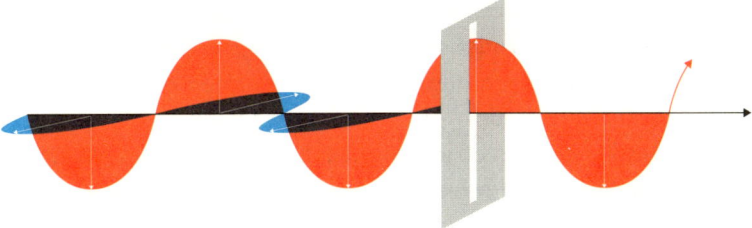

Polarisierung eines Lichtstrahls

stellt, von denen die eine dann durch den Schlitz gestoppt wird. Das Abstoppen der anderen Komponenten reduziert natürlich auch die Lichtstärke, und so wird dieser Effekt gern in Sonnenbrillen genutzt. Das von einer Wasseroberfläche reflektierte Licht ist durch die Reflektion weitgehend in die Richtung der Wasserebene polarisiert; eine Sonnenbrille, deren Material sozusagen Schlitze senkrecht zur Wasserebene enthält, stoppt somit einen Großteil des reflektierten Sonnenlichts. Es sei denn, der Betrachter neigt seinen Kopf um neunzig Grad ...

Wie verhält es sich nun mit der Polarisierung der kosmischen Hintergrundstrahlung? Das von einer Wasseroberfläche reflektierte Licht besteht nicht, wie man vielleicht meinen könnte, aus einem «umgelenkten» Lichtstrahl, sondern aus einem ganz neuen. Das einfallende Photon trifft auf ein Elektron in der Wasseroberfläche und gibt diesem einen Stoß. Als Ergebnis emittieren die angestoßenen Elektronen «Sekundärphotonen», und diese so erzeugten Photonen bilden das von uns beobachtete «reflektierte» Licht. Die durch den Stoß ausgelöste Elektronbewegung findet im Wesentlichen in der Wasseroberfläche statt, was dazu führt, dass die neu erzeugten Photonen in dieser Ebene oszillieren.

Die Photonen der kosmischen Hintergrundstrahlung sind ganz ähnlich auch «Sekundärphotonen»; sie wurden durch den letzten Stoß von Plasmaphotonen auf ein Elektron erzeugt, nur dass dieses Elektron sich nicht in einer Ebene befindet und dass die Photonen von allen Seiten kommen. Solange alle einfallenden Photonen gleich stark sind, ergibt sich keine ausgezeichnete Richtung, die dadurch emittierte Strahlung ist nicht polarisiert. Wenn aber die Intensität der einfallenden Photonen richtungsabhängig ist, dann werden die abgestrahlten Photonen diese Richtungsinformation in Form von Polarisation übernehmen.

Mithin kann die Beobachtung der Polarisation der kosmischen Hintergrundstrahlung Informationen liefern über etwaige Unregelmäßigkeiten im Universum unmittelbar vor der Schwelle der letzten Streuung. Solche *Anisotropien* entstehen durch Dichte- und Temperaturschwankungen; sie können aber auch in der Zeit der Inflation ausgelöst sein, als Nachwirkung von Gravitationswellen, die selbst zu der viel späteren Zeit der letzten Streuung noch Wirbel im Universum hervorriefen. Die dadurch erzeugte Polarisation unterscheidet sich grundlegend vom Ergebnis der Dichteschwankungen und könnte somit einen ersten Hinweis auf die Existenz der Inflationswellen bilden. Die durch eine Dichtefluktuation erzeugte Polarisierung weist symmetrisch auf das Zentrum der Fluktuation hin. Gibt es zusätzlich eine aus der Inflation überlebende Raumwelle, dann bringt diese der Polarisation eine Richtung bei, sodass eine Umlaufrichtung ausgezeichnet und damit die Symmetrie zerstört wird. Etwas Ähnliches kennen wir aus Luftströmungen bei Hoch- oder Tiefdruckgebieten. Im Falle einer stationären Erde würde Luft von allen Seiten gleich in ein Tiefdruckgebiet einfließen. Durch die Erddrehung entsteht aber eine richtungsorientierte Kraft auf die Luftmassen, mit dem Ergebnis, dass sich auf der Nordhalbkugel nach links gerichtete Wirbel bilden, auf der Südhalbkugel solche nach rechts. Aus einer Richtungsmessung solcher Wirbel kann man also feststellen, dass sich die Erde dreht und in welche Richtung sie sich dreht. Bei Gravitationswellen ist der Effekt aber außerordentlich schwach und somit kaum nachzuweisen.

Aus diesem Grund rief die Ankündigung der amerikanischen Forschergruppe BICEP im Jahr 2014 große Aufregung hervor: Man meinte, in einem am Südpol durchgeführten Experiment erste Evidenz für die erwähnte Polarisation durch Gravitationswellen gefunden zu haben. Aber wie so oft, knallten auch hier die Sektkorken leider zu früh. Interstellare Staubwolken können einen ähnlichen Effekt erzeugen, und in der Himmelsrichtung, in der BICEP gemessen hatte,

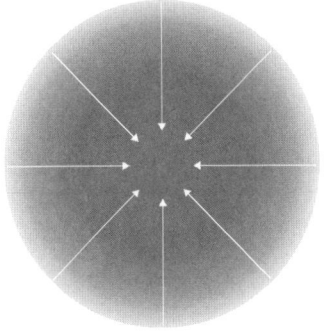 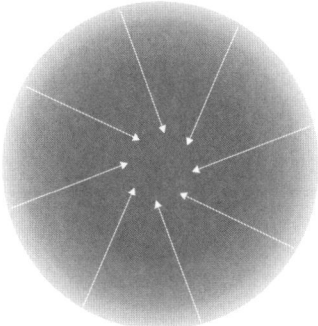

Polarisierungsschema um eine Dichtefluktuation (links)
und die Abänderung durch eine Gravitationswelle (rechts)

gab es solche Wolken. Umfangreichere Untersuchungen, die von der bereits erwähnten europäischen Raumsonde Planck durchgeführt wurden, zeigten dann, dass dort, wo die Staubwolken fehlten, auch der Polarisationseffekt verschwand. Nichtsdestotrotz, das große Interesse an Gravitationswellen bleibt weiterhin bestehen. Bisher sind elektromagnetische Wellen unsere einzige Verbindung mit längst vergangenen Zeiten. Aber weder dunkle Materie noch dunkle Energie können elektromagnetische Wechselwirkungen erfahren – sie können nur über die Schwerkraft in Erscheinung treten. Und so wie bei einer elektromagnetischen Wechselwirkung «Lichtwellen» ausgesandt werden, so müssen, nach Einsteins allgemeiner Relativitätstheorie, bei einer Gravitationswechselwirkung eben Gravitationswellen ausgesandt werden. Das Faszinierende daran ist, dass diese Wellen uns direkt die Modifikation der Raumzeit aufzeigen. Problematisch ist jedoch, dass diese Raumzeit-Wellen sehr schwach und somit sehr schwer nachzuweisen sind.

Versuchen wir, uns eine Nachweismethode vorzustellen. Dazu nehmen wir ein mehrere Kilometer langes Rohr und stellen darin ein Vakuum her, um alle sonstigen Effekte auszuschalten. An einem Ende bringen wir eine Lichtquelle an, am anderen einen Spiegel. Jetzt schießen wir ein Lichtsignal los und messen, wie lange es dauert, bis

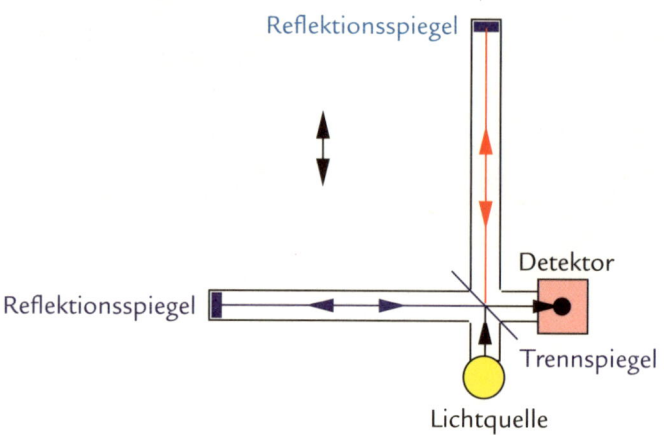

Anordnung zur Gravitationswellenmessung: Der Lichtstrahl wird durch einen Trennspiegel gespalten und in zwei Arme geschickt, an dessen Enden er jeweils reflektiert wird. Die reflektierten Strahlen erzeugen ein Interferenzbild, das im Detektor gemessen wird. Durch Gravitationswellen werden die Armlängen verschieden abgeändert, was das Interferenzbild verändert.

das gespiegelte Signal wieder zurückkommt. Sollten während der Messung Gravitationswellen den Standort durchlaufen, ist der Weg des Lichtsignals mal kürzer, mal länger, und das sollte sich in der Laufzeit des Signals zeigen.

Die zeitliche Messung bei einer solchen Anordnung ist, wie man sich vorstellen kann, im irdischen Rahmen kaum machbar: Für eine Strecke von zehn Kilometern braucht Licht eine dreißigtausendstel Sekunde; und dabei eine winzig kleine Verschiebung zu messen übersteigt die Genauigkeit der meisten Uhren. Um dem aus dem Wege zu gehen, benutzen die Experimentatoren eine Anordnung, in der zwei Röhren in einem rechten Winkel aufeinanderstoßen. Die am Eckpunkt aufeinandertreffenden Lichtstrahlen erzeugen Interferenzeffekte, und bei einer Kontraktion oder Dehnung der Laufstrecke verschieben diese sich (siehe Bild). So kann man in der Tat Wellenbildung im Raum nachweisen.

Mitte Februar 2016 hat ein Team von Wissenschaftlern aus den USA und Europa (LIGO) mit Hilfe solcher Anordnungen an zwei Orten (in den Staaten Washington und Louisiana in den USA) Signale empfangen, die – so die Analyse – durch Gravitationswellen erzeugt wurden, die beim Zusammenprall zweier massiver schwarzer Löcher vor etwa 1,3 Milliarden Jahren entstanden sein müssen und uns erst jetzt erreicht haben. Wenn sich die Richtigkeit dieser Messungen bestätigt – und nach dem BICEP-Debakel ist man ja vorsichtig –, dann wäre dieser direkte Nachweis von Gravitationswellen ein absoluter Durchbruch.

Denn die Kunde von der Kollision der beiden schwarzen Löcher wäre nur der Anfang einer neuen Form von Informationsübermittlung aus fernen Zeiten. Wie schon im Zusammenhang mit dem BICEP-Experiment erwähnt, muss auch die Inflation bei der Geburt unseres Universums Gravitationswellen erzeugt haben, die noch heute den Weltraum schwingen lassen, wenn auch nur sehr leise ... Nach dem eben Gesagten ist klar, dass irdische Experimente dabei rasch an ihre Grenzen stoßen. Wir müssen Licht schon über weitere Strecken laufen lassen, um deutliche Verschiebungen zu messen.

Viele Hoffnungen ruhen deshalb auf dem von europäischen Labors aufgestellten eLISA-Projekt, das von einem Satelliten-basierten Interferometer im Weltraum ausgeht, bei dem die Armlänge von zehn Kilometern auf eine Million Kilometer vergrößert ist. Wenn alles nach Plan verläuft, ist mit der Messung und Untersuchung von Gravitationswellen eine neue, vielleicht ähnlich fruchtbare Quelle gefunden wie seinerzeit die kosmische Mikrowellenstrahlung.

Nach der Entkopplung waren Nukleonen und Elektronen zu elektrisch neutralen Einheiten gebunden, sodass die kosmische Hintergrundstrahlung ungehindert durch den Weltraum flog. Die geringen Dichteschwankungen in der Materieverteilung hatten jedoch Konsequenzen. Solange Strahlung und Materie in Wechselwirkung standen, konnte der Druck der Strahlung etwaige, durch Schwerkraft erzeugte Zusammenballungen von Materie wieder auseinandertreiben. Die Strahlung war nun aber aus dem Spiel, da die Materie elektrisch neutral geworden war. Jetzt bildeten sich in der Tat dichtere Gaswolken, die durch ihre höhere Schwerkraft andere anzogen und so größer und dichter wurden. Diese «Protosterne» sollten mit der Zeit richtige Sterne werden: Mit zunehmender Dichte stieg die kinetische Energie der in ihnen enthaltenen Nukleonen immer weiter an. Und irgendwann reichte diese Energie aus, um im Aufprall von vier Nukleonen Kernfusion auszulösen. Es entstand ein Helium-Kern, und die dabei freigesetzte Energie wurde durch Strahlung in den Weltraum entsandt: Der Stern begann zu leuchten. Dieser

Sternenaufgang

begann etwa 500 Millionen Jahre nach dem Urknall und beendete damit eine Epoche, die von den Kosmologen als das dunkle Zeitalter bezeichnet wird, weil zwischen der letzten Streuung, 380 000 Jahre nach dem Urknall, und dem Entstehen der Sterne eben nichts leuchtete – außer der kosmischen Hintergrundstrahlung natürlich. Aber von jetzt an gingen im Universum die Lichter an, die Dunkelheit war zu Ende.

Die Entstehung der Sterne bringt uns zu der nächsten großen Frage: Wie konnte aus dem bis auf millionstel Prozent gleichförmigen Universum, aus dem heißen atomaren Gas, die ganze stellare Struktur unserer heutigen Welt hervorgehen? Wir erinnern uns doch, dass es Gesetze der Thermodynamik gibt, die behaupten, dass die Unordnung, die Strukturlosigkeit mit der Zeit immer mehr zunimmt. Was hat es damit auf sich, und wie konnten sich trotzdem Sterne und Galaxien bilden?

Das Ganze ist mehr als die Summe seiner Teile.

Aristoteles

6. Struktur und Form

umgeben uns, wohin wir auch schauen. Nach biblischen Aussagen war die Welt am Anfang «wüst und leer und finster über der Tiefe». Die Physik des gerade entstandenen Universums geht aus von der Abwesenheit aller Formen und Skalen; die Welt unmittelbar nach dem Urknall erscheint völlig strukturlos: konzentrierte reine Energie. Es gibt nicht einmal ein Nichts, keinen leeren Raum, und es gibt keinen Hinweis auf die Vielfalt, die aus dieser Urmaterie im Laufe der weiteren Entwicklung entstehen würde. Das gleichförmige Urmedium muss aber aus Kraftfeldern bestanden haben, die den Keim der zukünftigen Vielfalt bereits durch die Form ihrer Wechselwirkung in sich trugen. Obwohl das zu diesem Zeitpunkt auf keine Weise zu erkennen war, muss diese strukturlose Welt die kommende Struktur bereits latent enthalten haben. Das Hervorgehen von Struktur aus vielen gleichförmigen Komponenten, so wissen wir heute, geschieht in den verschiedensten Bereichen der Natur: Es wird ganz allgemein als *Emergenz* bezeichnet, als kollektives Hervorgehen. Nicht nur Strukturen sind emergent; es gibt auch emergente Observablen aller Art: Temperatur, Dichte, Druck, um nur ein paar zu nennen. Ein einzelnes Atom oder Molekül hat keine Temperatur; solche Größen beschreiben das kollektive Verhalten vieler Einzelteile. Und wie wir eingangs gesehen haben, sind in gewisser Weise auch Zeit und Raum emergente Begriffe, die erst entstehen durch eine Reihe von Ereignissen bzw. durch die Anordnung verschiedener Objekte.

Wir kennen Emergenz aus dem täglichen Leben. Auch dort können aus scheinbarer Formlosigkeit plötzlich spezielle Zustandsformen erscheinen. Wir haben die Formen von Wasser bereits erwähnt: Wasserdampf besteht aus Molekülen, die miteinander nur durch eine sehr schwache Wechselwirkung verknüpft sind – Dampf ist eben ein Gas aus fast freien Teilchen, und er ist in allen Richtungen gleich und völlig strukturlos. Man kann keineswegs ahnen, dass sich dieses Gas mit abnehmender Temperatur bei konstantem Druck zunächst verflüssigen und dann schließlich in Eis übergehen wird. Die für eine solche Verwandlung notwendigen Grundlagen müssen aber schon in der Wechselwirkungsform des Gases enthalten sein, wie Erbanlagen auf Genen. Die Komplexität erwächst *spontan*, sobald sich die Temperatur der Umwelt verändert; latent muss sie deshalb schon immer vorhanden gewesen sein. Und so müssen auch die Gesetze, die das völlig strukturlose, gerade entstandene Universum bestimmt haben, unmittelbar nach dem Urknall, vor der Existenz von Schwerkraft oder Elektromagnetismus, vor der Existenz von Kernen, Atomen und Molekülen, bereits die *Voraussetzungen* für das Entstehen selbst einer Schneeflocke in sich getragen haben.

Wohin wir heute schauen, sehen wir eine Welt von unendlicher Mannigfaltigkeit, von Strukturen, von Farben, von Klängen, von Vorgängen, von Ereignissen. Mit Recht vermuten wir, dass selbst Tiere eine solche Vielfalt sehen. Was uns, im Gegensatz zu ihnen, als *denkende*, als *nachdenkende* Menschen auszeichnet, hat einmal eine Afrikanerin zusammengefasst mit den Worten: «*Früher sahen wir die Sonne, die Sterne, die Wolken, die Berge, die Tiere, die Bäume, und wir erfreuten uns daran. Heute will man mehr ...*» Was ist dieses *mehr*? Was wollen wir verstehen? Ist die Symmetrie der Figuren, die wir sehen, ein Grund für unser «Erfreuen»? Oder ist es die Ordnung, das System, das wir erkennen, wenn die Zeiten im Jahresrhythmus ablaufen, die gleichen Konstellationen immer wiederkehren? Wann haben die Menschen zuerst bemerkt, dass ihnen der Mond einen Kalender liefert, dass das Auftreten von Ebbe und Flut zwar zeitlich wandert, aber periodisch wiederkehrt? Irgendwann wurde klar, dass Vielfalt

Erde, Wasser, Luft und Feuer

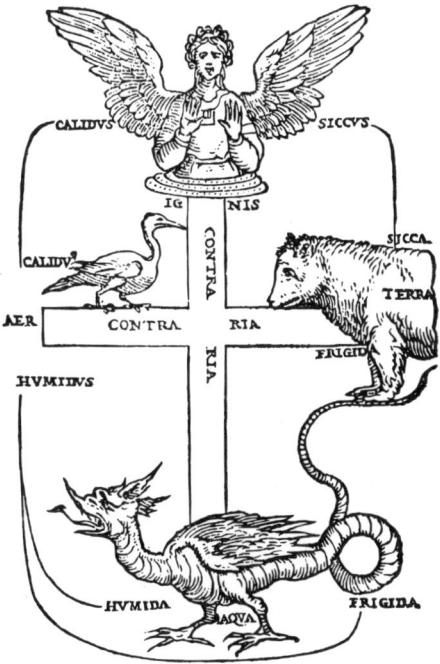

nicht gleich Chaos ist, dass vieles nach einer inneren Ordnung, nach irgendwelchen «Regeln» abzulaufen, konstruiert zu sein scheint, mit einer inhärenten räumlichen Struktur und einer zeitlichen Richtung. Am Anfang erweckte die Vielfalt wohl auch den Wunsch, die Dinge so zu ordnen, dass die Zusammensetzungen «einen Sinn» machten, Gemeinsamkeiten zeigten. Welche Formen kann Materie annehmen? Kann man die beobachteten Zustände auf eine kleine Zahl von Grundformen zurückführen? Im fünften Jahrhundert vor Christus definierte der auf Sizilien lebende griechische Philosoph Empedokles vier Formen, vier *Elemente:* Erde, Wasser, Luft und Feuer.

Die sizilianische Erde, das Wasser des Mittelmeers, die Winde an der Küste und das Feuer der Vulkane ließen diese vier Formen durchaus natürlich erscheinen. Ähnliche Vorstellungen gab es im Übrigen auch in der frühen buddhistisch-hinduistischen Gedankenwelt. Und beide Male tauchte die Frage auf, was denn die Bühne für diese Formen sein könnte: Wo tritt Materie in Erscheinung, wo werden die Bausteine zusammengesetzt? In der griechischen Denkweise führte dies auf die fünfte Form, die «Quintessenz», den leeren Raum, das Vakuum; bei den Indern spielte das Nichts, «Vakasha», eine ähnliche Rolle. Die verschiedenen Formen der Materie existieren, erscheinen als solche vor dem Hintergrund des leeren Raums. Diese Vorstellungen haben sich im Laufe der letzten zweitausend Jahre nicht sonderlich geändert: Noch heute bilden Festkörper, Flüssigkeit, Gas und Plasma die Grundformen der Materie. Wenn wir einen Festkörper bei konstantem Druck erhitzen, durchläuft die Materie mit zunehmender Temperatur diese vier Zustandsformen; ein Plasma tut das bei abnehmender Temperatur. Der leere Raum allerdings ist heute sowohl im ganz Großen wie auch im ganz Kleinen nicht mehr nur *nichts;* unsere Vorstellung des Vakuums ist komplizierter geworden.

Wie sind diese Formen entstanden, warum sind sie entstanden, gerade sie? Albert Einstein hat deshalb einmal gefragt: «*Als Gott die Welt schuf, hatte er da eine Wahl?*» Das scheint eine philosophische Frage zu sein, eine metaphysische vielleicht. Und doch kann die heutige Physik einiges zu ihrer Antwort beitragen, und das wollen wir hier zeigen. Unsere Welt war nicht immer so, wie sie jetzt ist, und indem wir untersuchen, wie sie so geworden ist, können wir vieles verstehen lernen. Der Weg vom Urknall bis heute war offensichtlich ein Weg von einer einfachen, gleichförmigen Welt zu der Komplexität, die uns jetzt umgibt. Irgendwann wurden Himmel und Erde, Licht und Dunkel, Wasser und Trockenes geschieden – und noch vieles mehr. Wie konnte das ablaufen, wie konnten sich Strukturen entwickeln? Wie konnte aus den heißen, gleichförmigen Gaswolken der Frühzeit so etwas wie ein Sonnensystem mit kreisenden Planeten hervorgehen? Ist es möglich, dass aus einer völlig ungeordneten Welt eine so strukturierte entsteht?

Die Entwicklungsrichtung von Systemen in unserer heutigen Welt ist kodifiziert, niedergelegt in einem der unausweichlichen Hauptgesetze der Physik, im Hauptsatz der Thermodynamik. Es ist der *thermodynamische* Pfeil, der auf das Ausbreiten, das Vermischen, das Zerbrechen, das Altern zeigt. Nie wird ein zerbrochenes Glas wieder von selbst zusammenspringen, nie wird aus einem Rührei wieder

ein Hühnerei oder aus Asche wieder Kohle. Es ist eine Richtung vorgegeben, die, so scheint es, von Struktur zu Strukturlosigkeit, von
Ordnung zu Unordnung führen muss.

Der Pfeil des Geschehens

ist also in der heutigen Physik vorgegeben, und er definiert in der Tat
eine Richtung für den Ablauf physikalischer Vorgänge. Es hat recht
lange gedauert, diese Erkenntnisse zu gewinnen, oder vielleicht besser
gesagt, sie zuzugeben. Die Gleichungen der Mechanik, der Elektrodynamik geben keine Zeitrichtung an, alles kann genauso gut vorwärts
wie rückwärts laufen. Bei Systemen, die aus vielen Teilchen bestehen,
hilft das aber nicht recht weiter; man kann sich davon am besten
überzeugen, wenn man sich ein Experiment vorstellt, das der briti-
sche Physiker James Prescott Joule um 1850 durchgeführt hat. Joule
war der Sohn eines Brauereibesitzers und übernahm die Brauerei
später auch selbst, sodass sein Interesse an Begriffen wie Temperatur
und Druck durchaus nicht rein akademisch blieb. In seinem Experiment ging er von einem Behälter aus, der durch eine Trennwand in
zwei Abteilungen aufgeteilt und insgesamt von der Außenwelt iso-
liert war. In der einen Abteilung war ein Gas, in der anderen nichts,
ein Vakuum. Wenn man nun die Trennwand öffnete, dehnte sich das
Gas aus, bis beide Abteilungen gleichmäßig gefüllt waren. Und man
konnte warten, solange man wollte: Das Gas in dem ursprünglich
leeren Volumen zog sich nie wieder zurück in das Ausgangsvolumen
Die Ausdehnung des Gases, sicherlich ein physikalischer Prozess, lief
nie rückwärts; die Richtung war vorgegeben, unumkehrbar – in Phy-
sikerterminologie, *irreversibel*. Im Prinzip stand ja dem Gas durchaus
die Möglichkeit offen, zeitweilig in den Ausgangszustand zurückzu-
kehren, wie ein freigelassenes Tier in seinen Käfig – das geschah aber
nie. Der Vorgang ist auch sonst recht interessant. Da die Anlage nicht
mit der Außenwelt verbunden war, blieb die Gesamtenergie bei der
Ausdehnung des Gases erhalten. Die Anzahl und die Impulse der
Moleküle blieben unverändert, und mithin blieb auch die Tempera-

Das Joule-Experiment

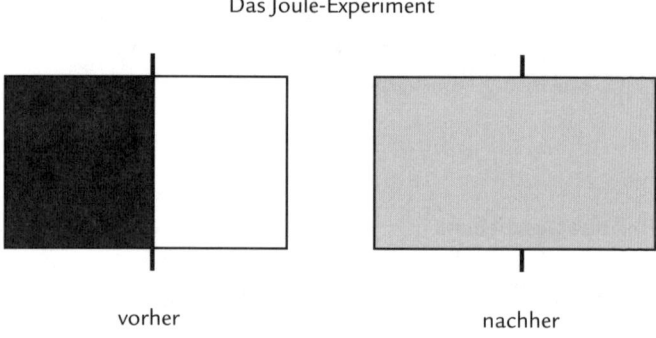

vorher   nachher

tur dieselbe. Aber das verfügbare Volumen war jetzt größer, sodass die Dichte des Gases geringer wurde. Auch der Druck sank, als Aufprallenergie pro Wandfläche. Pro Quadratzentimeter trafen nun weniger Moleküle auf, da sich die Fläche bei gleich bleibender Molekülzahl vergrößert hatte.

Die Klärung des Sachverhalts erforderte eine Erweiterung der physikalischen Vorstellungswelt. Wenn man ein Gas in einem Behälter untersucht, misst man seine Temperatur und seinen Druck. Diese Größen entstehen aber nicht durch ein oder zwei Moleküle, deren Bahnen vorwärts-rückwärts symmetrisch sind, sondern sie erscheinen als der kollektive Effekt aller 10^{23} Moleküle des Gases. Ein paar Moleküle mögen dabei durchaus den Weg wieder zurückfinden aus dem neuen Volumen in ihren alten Ausgangsbehälter, aber dass alle, nur schwach miteinander verbundenen Teilchen *gleichzeitig* umkehren, das geschieht einfach nicht. Wenn auch nur ein einziges Molekül auf seinem Rückweg durch irgendeine Einwirkung vom rechten Weg abgelenkt wird, bricht die gesamte Umkehr zusammen. Die Untersuchung einzelner Bahnen wird also sinnlos. Was man bestimmen kann, ist die *mittlere* Energie eines Moleküls, wofür die Temperatur ein Maß ist, die *mittlere* Anzahl Moleküle pro Volumen, also die Dichte, und die *mittlere* Aufprallenergie auf die Wände des Behälters, also den Druck. Die Umkehrbarkeit der Einzelschicksale von Molekülen wird unbedeutend, ihre Bahnen werden unwichtig, gehen unter in der Masse, und für die gibt es eine Entwicklungsrichtung.

Es war also klar, dass die Beschreibung des kollektiven Verhaltens von sehr vielen Teilchen ein neues Postulat erfordert, zusätzlich zu den bisherigen Gesetzen der Physik, die die Umkehr der Zeit erlaubten. Diese Überlegungen führten schließlich, im Wesentlichen durch die Arbeiten von Ludwig Boltzmann in Wien und John Willard Gibbs an der Yale-Universität in den USA, gegen Ende des 19. Jahrhunderts zu einem neuen Paradigma, zur *statistischen Physik*.

Man stelle sich einen riesigen Katalog vor, in dem alle möglichen Anordnungen aller 10^{23} Moleküle verzeichnet sind, möglich bei Vorgabe der Gesamtgrößen des Systems, also seiner Gesamtenergie, seines Volumens und der Anzahl seiner Moleküle. Diese Gesamtgrößen bezeichnen wir als den *Makrozustand* des Systems. Eine *Konfiguration* (mitunter spricht man auch von einem *Mikrozustand*) besteht dann aus der Angabe der Orte und der Impulse aller Teilchen zu einer gegebenen Zeit und bei festgelegtem Makrozustand, wenn wir von der klassischen statistischen Physik ausgehen. Das Grundpostulat der statistischen Physik sagt nun, dass ein System im Gleichgewicht sich prinzipiell, *a priori*, mit gleicher Wahrscheinlichkeit in jedem einzelnen dieser vielen Mikrozustände befinden kann, sofern nicht irgendwelche äußeren Einwirkungen vorliegen. Das führt letztlich dazu, dass bei der Evolution des Systems von dem einen in einen anderen Mikrozustand, verursacht durch das Umherschwirren der Teilchen, die häufigsten Zustände gewinnen, dass ungewöhnliche Konfigurationen so gut wie nie erreicht und dadurch ausgeschlossen werden. Im Joule-Experiment ist, wie wir gleich sehen können, die Anzahl der Konfigurationen für ein über beide Volumenhälften gleich verteiltes Gas so unvorstellbar viel größer als die, für die sich das Gas nur in der Ausgangshälfte aufhält, dass eine Rückkehr dadurch effektiv unmöglich wird.

Um die Verhältnisse bei solchen Vorstellungen etwas genauer zu illustrieren, betrachten wir einen Kasten mit neun Fächern. Wenn wir vier gleiche Kugeln nehmen und diese auf die Fächer des Kastens verteilen, je eine pro Fach, dann gibt es insgesamt 126 verschiedene Anordnungen der Kugeln; im folgenden Bild zeigen wir drei davon, und im Anhang 1 führen wir die Abzählung aller durch. Hier wollen wir hervorheben, dass unter diesen 126 genau eine ist, in denen jede

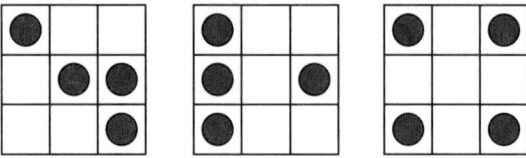

Anordnungen von vier Kugeln in neun Fächern

der vier Kugeln in einer Ecke liegt. Wenn wir also allen möglichen Konfigurationen die gleiche Wahrscheinlichkeit zuordnen, ist die Chance für eine solche Ecken-Anordnung 1:126. Das heißt, dass derartige, besonders «geordnete» Mikrozustände recht unwahrscheinlich werden.

Als Nächstes schauen wir uns an, was passiert, wenn wir die Größe des Kastens verdoppeln. Jetzt gibt es für die vier Kugeln 2060 Konfigurationen, also fast zwanzigmal mehr als im Ausgangskasten. Und dieses Verhältnis zwischen Ausgangslage und vergrößertem Volumen erhöht sich mit der Zahl der Kugeln immer mehr. Wenn wir mit neun Kugeln anfangen, also zunächst alle Fächer füllen, gibt es als Ausgang genau eine Konfiguration. Das verdoppelte Volumen hingegen bietet für neun Kugeln schon insgesamt 48 620 Möglichkeiten: Die Wahrscheinlichkeit einer Rückkehr zur Ausgangslage ist also 1:48 620.

Neun Kugeln in neun und in achtzehn Fächern

Dabei besteht unser System bisher nur aus neun Kugeln. Bei einem größeren Ausgangskasten und einer größeren Anzahl von Kugeln sinkt die Wahrscheinlichkeit einer Rückkehr zum Ausgangszustand immer mehr. Und wenn wir außerdem das Volumen mehr als verdoppeln, sinkt sie noch mehr: Bei einer x-fachen Volumenvergrößerung und n Kugeln findet man, dass der Anstieg in der Anzahl der Konfigurationen etwa wie x^n verläuft (siehe wieder Anhang 1). Im Falle eines normalen Gases, mit etwa $n = 10^{23}$ Molekülen, führt also das Öffnen des Joule'schen Behälters in der Tat zu dem erwähnten unvorstellbar großen Anstieg in der Zahl der verfügbaren Konfigurationen. Geben wir allen Konfigurationen das gleiche Gewicht, dann wird die Wahrscheinlichkeit, das Gas wieder im Ausgangsvolumen zu finden, um ebendiesen riesigen Faktor reduziert, um $x^{100...000}$, also x hoch eins, gefolgt von 23 Nullen. Im Vergleich dazu ist ein Lottogewinn geradezu leicht zu erzielen, denn bei 49 Zahlen gibt es «nur» etwa 14 Millionen Reihungen von sechs verschiedenen Zahlen zwischen 1 und 49.

Die fundamentale Größe für das Verhalten von Systemen in der statistischen Physik ist daher die gesamte Anzahl der möglichen Zustandskonfigurationen, der *Mikrozustände*, bei einem festgelegten *Gesamt-* oder *Makrozustand*. Das Maß für diese Größe ist die

Entropie.

Wenn wir die Gesamtenergie E des Systems, die Anzahl N der darin enthaltenen Moleküle sowie das Volumen V des Behälters kennen und damit den Makrozustand festgelegt haben, können wir die Anzahl $W(E,N,V)$ der möglichen Mikrozustände berechnen. Die Entropie $S(E,N,V)$ wird daraus dann definiert durch die berühmte Formel $S = k \log W$, die Ludwig Boltzmanns Grab in Wien ziert. Der Proportionalitätsfaktor k heißt nach ihm *Boltzmann-Konstante* und liefert die Verbindung zwischen Dynamik und Thermodynamik. Zusammen mit der Gravitationskonstanten G (für die Schwerkraft), mit der Lichtgeschwindigkeit c (für die Relativitätstheorie) und der Planck-Konstanten h (für die Quantentheorie) erhält man so die grundlegenden Skalengrößen der Physik. Man benutzt hier den Logarithmus (*log*) zur Definition der Entropie, da das in zweierlei Hinsicht hilfreich ist. Die Anzahl der Mikrozustände ist riesig, wie

*Das Grabmal von Ludwig
Boltzmann (1844–1906)*

bereits erwähnt, und hierfür ergibt der Logarithmus ein handliche-
res Maß, da er die Zahl der Zehnerpotenzen angibt. So ist der Logarithmus von einer Milliarde, $1\,000\,000\,000 = 10^9$, einfach nur 9. Zum
anderen ist die Anzahl W der Mikrozustände für ein aus zwei Behäl-
tern bestehendes System im Allgemeinen das Produkt der beiden
Zustandszahlen W_1 und W_2, $W = W_1 \times W_2$. Da der Logarithmus eines
Produkts die Summe der Logarithmen der jeweiligen Faktoren ist,
wird die so definierte Entropie additiv: Die Entropie S des Gesamtsystems ist einfach die Summe der beiden Teilentropien: $S = S_1 + S_2$.
Im Falle eines Gases, wie etwa im Joule-Experiment, ist die Anzahl
der möglichen Mikrozustände bestimmt durch das verfügbare Volumen; die Entropie für das Gesamtvolumen ergibt sich mithin aus
der Summe der Teilvolumenwerte. Daher wird die Differenz der
Entropien vor und nach dem Öffnen der Schleuse durch die dabei
resultierende Volumenvergrößerung bestimmt; die Entropie nimmt
mit zunehmendem Volumen zu. Oder anders gesehen: Bei einer
Gleichverteilung im Gesamtvolumen ist die Entropie entsprechend
viel größer, als wenn sich alle Moleküle in einem Teilvolumen befinden.

Aus dem Joule-Experiment lernt man außerdem etwas Weiteres,
sehr Wesentliches: Ein sich selbst überlassenes (von der Außenwelt
abgeschnittenes) System entwickelt sich stets so, dass die Menge seiner verfügbaren Zustandskonfigurationen, seine Entropie, so groß

wie möglich wird. In dem entsprechenden Makrozustand wird es dann ohne äußere Einwirkung immer bleiben, denn einen Makrozustand mit größerer Entropie gibt es ja nicht. Vor dem Öffnen der Trennwand zwischen den beiden Abteilungen ist das der Fall, das System hat die maximale Entropie für das Ausgangsvolumen, es ist im *thermodynamischen Gleichgewicht.* Durch das Öffnen der Trennwand wird das verfügbare Volumen plötzlich größer, sodass sich das System jetzt in einem Zustand befindet, in dem seine momentane Entropie sehr viel kleiner ist als die maximal für das neue Gesamtvolumen mögliche. Das System ist deshalb nicht mehr im Gleichgewicht. Durch das Ausströmen des Gases in den bisher leeren Teil wächst die Entropie, bis sie schließlich den Maximalwert erreicht, der dem eines Gases bei vorgegebener Temperatur im vorgegebenen Gesamtvolumen entspricht. Das System ist damit jetzt wieder im thermodynamischen Gleichgewicht.

Die beiden Hauptsätze der Thermodynamik fassen diese Überlegungen zusammen. Der erste sagt, dass die *Energie* des Gesamtsystems konstant, also erhalten bleibt: Ohne äußere Einwirkungen kann sie weder größer noch kleiner werden. Der zweite Hauptsatz sagt dann, dass die *Entropie* eines sich selbst überlassenen Systems nie abnimmt und dass sie im Gleichgewicht maximal ist, den größtmöglichen Wert annimmt. Danach kann sie sich nicht mehr ändern, und mit Gleichgewicht meint man ja genau das: Wenn nichts passiert, bleibt alles so, wie es ist.

Es lohnt sich vielleicht, den Zusammenhang zwischen Entropie und Struktur noch etwas weiter zu verfolgen. Um diese Aussage aufzuschreiben, benötigt man etwa neunzig Buchstaben. Das deutsche Alphabet besteht aus 30 Buchstaben. Es gibt somit 30^{90} verschiedene Möglichkeiten für eine Reihung von neunzig Buchstaben, also 30^{90} Mikrozustände (etwa 10^{133}). Nur ein einziger all dieser Zustände ergibt die obige Aussage in der vorgegebenen Form, ohne Schreibfehler. Struktur, und hier auch Information, entspricht also immer einer sehr niedrigen Entropie. Umgekehrt verschwinden im Zustand maximaler Entropie alle erkennbaren Strukturen; es gibt keine Informationsübermittlung. Man kann Nachrichten durch Morsen nur übermitteln, weil unter all den vielen Kurz-lang-Kombinationen genau eine spezielle Reihenfolge gesendet wird. Je höher die Entropie, desto geringer wird die im System enthaltene Information.

Der Begriff der Entropie ist älter als seine Erklärung durch die Bewegung von Atomen und Molekülen, die wir hier gegeben haben. Bereits Anfang des 19. Jahrhunderts hatte der französische Physiker und Ingenieur Sadi Carnot die Beobachtung gemacht, dass Wärme stets von heiß nach kalt fließt, und dies als eine der Grundlagen der Wärmelehre erkannt. Genauso wenig, wie die Atome in Joules Behälter wieder in das Ausgangsvolumen zurückfließen, genauso wenig wird Wasser in einem Topf ohne irgendwelche Einwirkungen zu Eis gefrieren und dadurch den Raum aufheizen.

Zwanzig Jahre später entwickelte der deutsche Physiker Rudolf Clausius daraus den Begriff der Entropie und schuf so die fundamentale Größe der Wärmelehre. Die spätere statistische Physik lieferte dann die Erklärung für die Aussagen der Wärmelehre durch die Atomstruktur der Materie. Bis heute ist der zweite Hauptsatz der Thermodynamik: *Die Entropie eines isolierten Systems nimmt nie ab*, die vielleicht bedeutendste Aussage der Physik überhaupt. In einer Sciencefiction-Welt, in der dieser Hauptsatz nicht gilt, können Alte wieder jung werden, Steine vom Boden zur Decke springen, und vieles mehr. Wenige Aussagen der Physik sind so direkt mit den grundsätzlichen Erfahrungen unseres täglichen Lebens verbunden und bilden eine so bestimmende Basis unseres gesamten Wissens über den Gang der Dinge. Der berühmte englische Physiker und Astronom Sir Arthur Eddington hat das in einem Rat an Physiker zusammengefasst: «Wenn das Ergebnis deiner Untersuchungen im Widerspruch zu Maxwells Gleichungen steht – Pech für Maxwell. Wenn deine Untersuchungen auf Widerspruch zu Messungen führen – die Experimentatoren machen eben mal Fehler. Aber wenn deine Untersuchungen einen Widerspruch zum zweiten Hauptsatz der Thermodynamik ergeben, gibt es für dich keine Hoffnung.» Wie wir sehen werden, ist das keine leere Drohung ...

Mit Hilfe des bisher Gesagten können wir aber auch schon verstehen, was es mit den Entwicklungsstufen der Materie auf sich hat. Ein intaktes Glas entspricht genau einem Zustand und somit einer minimalen Entropie. Je härter es fällt, je heftiger es geworfen wird, in desto mehr Scherben kann es zerbrechen, sodass die erreichte Entropie, die Anzahl der erzeugten Scherben, von der beim Zerbrechen zugefügten Energie abhängt. Wir können diese Energie noch weiter erhöhen, indem wir das System erhitzen. Die Glasscherben schmelzen und bilden eine Flüssigkeit aus Glasmolekülen, die irgendwann verdampft und auf ein Gas führt. Die Zufuhr weiterer Energie bricht die Moleküle in ihre atomaren Bestandteile auf, und bei noch stärkerem Erhitzen findet Ionisation statt: Die Atome selbst werden aufgelöst in Kerne und Elektronen, sodass jetzt ein Plasma elektrisch geladener Teilchen entsteht.

Im Rahmen der üblichen statistischen Mechanik erwarten wir also, dass ein anfängliches Nichtgleichgewichtssystem – das fallende Glas, die Glasscherben in einem heißen Ofen, das Gas in der einen Volumenhälfte – sich rasch so verändert, dass seine zu niedrige Entropie ansteigt, bis sie den Maximalwert unter den gegebenen Umständen erreicht: viele Scherben, geschmolzene Scherben, das Gas im gesamten Volumen. Die so vorgegebene Entwicklung verläuft somit immer von einem Anfangszustand niedriger Entropie («Struktur») zu einem Gleichgewichtszustand maximaler Entropie («Gleichförmigkeit»). Das ist der Gang der Dinge, wie ihn die «normale» Physik vorgibt. Es kann Fluktuationen geben, in einer Ecke kann die Welt zufällig etwas strukturierter werden, aber für das Gesamtbild gilt die Richtung: größere Entropie, gleichförmiger, strukturloser. An einem warmen Frühlingstag ist eine Winterszene mit Schnee, Eiszapfen und Schneemännern nicht mehr im Gleichgewicht; alles schmilzt zunächst und verdampft dann, bis aus all diesen verschiedenen Strukturen einheitlicher Wasserdampf geworden ist.

Wenn also bei jeder Entwicklung, bei der Evolution aller Systeme, die Entropie nie abnehmen kann – wie können wir dann erklären, dass der Urknall, ausgehend von einem heißen, strukturlosen Gas, auf lange Sicht zu der Vielfalt unserer heutigen Welt geführt hat, mit Galaxien, Kristallen und Schneeflocken? Mit anderen Worten: Wie ist das Gesetz der Thermodynamik mit seiner Behauptung, dass die Entropie eines abgeschlossenen Systems nie abnehmen kann, dass Ordnung zu Unordnung führt, vereinbar mit der offensichtlich vorhandenen

Strukturbildung im Universum?

Das ist ein Problem, mit dem sich Physiker und Kosmologen seit langem herumgeschlagen haben, und noch heute herrscht längst nicht über alle Vorstellungen Einigkeit. Wir wollen daher nur versuchen, uns ein Bild zu machen, wie es hätte sein können. Der Urknall liegt 14 Milliarden Jahre zurück, und da ist es nur zu verständlich, dass das Bild, das wir uns von den frühesten Phasen unseres Universums machen können, spekulative Züge behält. Aber wir sollten immer Eddingtons Warnung im Auge behalten.

Lange Zeit wurde das scheinbare Dilemma zwischen dem Entstehen von Struktur im Universum und dem zweiten Hauptsatz der Thermodynamik auf eine Weise umgangen, die ein Ende der Welt zur Folge hatte, das alles anders als schön war. Die Überlegungen dazu gehen zurück auf Lord Kelvin, Hermann von Helmholtz und andere um die Mitte des 19. Jahrhunderts. Sie gingen von einem Universum aus, das sich zunächst in einem nicht näher definierten Zustand niedriger Entropie befand und dann im Laufe seiner Entwicklung langsam, aber sicher auf einen immer gleichförmigeren Zustand maximaler Entropie zusteuert. Sein Ende wäre der «Wärmetod»; das gesamte Universum würde dann ein gleichförmiges thermisches Medium werden, ohne jede Struktur und ohne irgendwelche energieverbrauchenden Prozesse. Wir kommen im letzten Kapitel darauf zurück; ein solches Ende scheint durchaus möglich, ist aber nicht zwangsläufig.

Die bisherige Entwicklung des Universums betrachtet man heute jedenfalls unter etwas anderen Aspekten. Zum einen dehnt sich unser Universum seit seiner Entstehung immer weiter aus. Man muss also fragen, ob diese Expansion das Erreichen eines Gleichgewichts überhaupt jemals erlaubt. Es erfordert eine gewisse Zeit, einen solchen Zustand zu erreichen, und wenn die Ausdehnung zu rasch ist, steht diese Zeit nicht zur Verfügung. Zum anderen ist nicht eindeutig klar, wie der Zustand maximaler Entropie überhaupt auszusehen hat. Für unsere Welt aus Eiszapfen und Schneemännern ist das oberhalb des Gefrierpunktes sicherlich zunächst Wasser und danach dann Wasserdampf, ein gleichförmiges, ungeordnetes System von Wassermolekülen. Dabei spielen die atomaren Kräfte zwischen den Molekülen die entscheidende Rolle. Für ein Medium aus nicht oder nur schwach wechselwirkenden Teilchen ist der Zustand größter Entropie immer ein ungeordnetes, strukturloses Gas. Wenn die Wechselwirkung aber stärker wird, etwa bei niedrigeren Temperaturen, kann daraus kristallines Eis entstehen, mit einer wohldefinierten Kristallstruktur. Etwas Ähnliches passiert, wenn die Teilchen elektrisch geladen sind und die Zahl der positiven und der negativen gleich ist. Bei hohen Temperaturen und Dichten ist auch in diesem Fall der Zustand höchster Entropie ein ungeordnetes Plasma. In verdünnten oder abgekühlten Medien hingegen verbinden sich jeweils ein positives und ein negatives Teilchen zu einem elektrisch neutralen Ganzen («Atom»), und beide entkommen so der elektrischen Wechselwirkung. Der Zustand höchster Entropie ist in diesem Fall ein ungeordnetes Gas solcher neutralen Atome. Noch stärkeren Einfluss hat, wie wir im Weiteren sehen werden, die Schwerkraft bei stellaren Wolken im Kosmos.

Um die Rolle der Expansion besser zu verstehen, kehren wir zum Joule-Experiment zurück und untersuchen jetzt etwas genauer, was im zeitlichen Ablauf beim Entfernen der Trennwand geschieht. Im Augenblick des Öffnens befindet sich das Gas noch vollständig im Ausgangsvolumen, in dem es im Gleichgewicht war, also in einem Zustand maximaler Entropie. Durch das Öffnen hat es aber plötzlich Zugang zu dem neuen, leeren Teilvolumen. Es beginnt rasch in dieses einzuströmen und füllt das freie Volumen aus. Nach einer gewissen «Beruhigungszeit» (*Relaxationszeit* im Physikjargon) sind beide Volumenteile gefüllt, und es stellt sich wieder ein thermodynamisches Gleichgewicht ein, sobald die neue Entropie den für das größere Gesamtvolumen maximal möglichen Wert erreicht hat. In der Zeit zwischen dem Öffnen der Trennwand und dem Erreichen des neuen Gleichgewichts, also in der Relaxationszeit, befindet sich das System aber nicht im Gleichgewicht; seine Entropie ist zwar größer als vor dem Öffnen der Wand, jedoch geringer als die jetzt maximal mögliche. Die Entropie nimmt also während des gesamten Vorgangs zu, erreicht aber ihren maximalen Gleichgewichtswert nicht sofort, son-

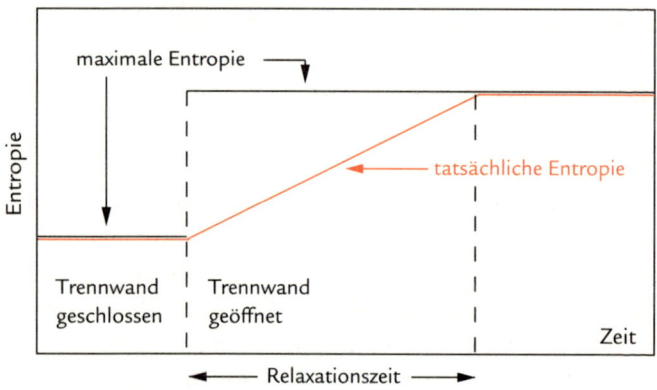

Der zeitliche Ablauf des Joule-Experiments

dern erst nach Ablauf der Relaxationszeit. Danach bleibt dann alles stabil. Der zeitliche Verlauf der Entropiegröße ist im obigen Bild dargestellt.

Während der Relaxationszeit ist das Medium also nicht «strukturlos» – zum einen besteht es teils aus leerem Raum, teils aus einem von Molekülen angefüllten Bereich; zum anderen dehnt sich dieser Bereich noch in Richtung der gegenüberliegenden Wand aus. Kurz nach der Öffnung der Trennwand bewegen sich die Moleküle, die in den vorher leeren Teil eingedrungen sind, nicht etwa gleichförmig in alle Richtungen, sondern sie fliegen vorzugsweise auf die gegenüberliegende Wand zu, wobei die schnelleren weiter vorne, die langsameren weiter hinten liegen. Es besteht also eine klare Form von «Ordnung». Während der Relaxationszeit löst sich diese dann wieder auf, und schlussendlich hat sich alle Materie im verfügbaren Volumen erneut gleich verteilt, die Entropie hat ihren Maximalwert erreicht, das System ist wieder im Gleichgewicht. Der Zwischenzustand, in dem noch kein Gleichgewicht vorliegt, ist im folgenden Bild dargestellt.

In jüngster Zeit hat das hier dargestellte Geschehen zu einigen erstaunlichen Gedanken geführt. Sieht, was dort abläuft, nicht fast so aus, als ob eine mystische «entropische» Kraft die Moleküle von links nach rechts treiben würde? Betrachten wir nur ein einzelnes

*Der Zustand im klas-
sischen Joule-Experi-
ment kurz nach dem
Öffnen der Trennwand*

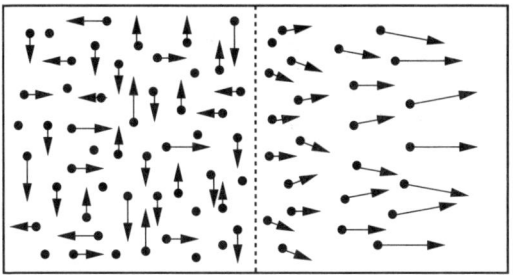

Molekül, so würde es einfach willkürlich zwischen beiden Fächern hin- und herfliegen und mit gleicher Wahrscheinlichkeit in dem einen oder dem anderen Teil des Behälters sein. Es würde also keine solche Kraft verspüren; diese müsste schon ein Vielteilcheneffekt sein. Wir kommen zu der Vorstellung von *emergenten* Kräften, die erst aus dem Zusammenspiel vieler Einzelkomponenten hervorgehen, in den nächsten Kapiteln wieder zurück.

Die Veränderung der maximal verfügbaren Entropie im Joule-Experiment geschah durch das Öffnen der Trennwand, das schlagartig ein größeres Volumen ergab. Wir können das Ganze aber auch gradueller vollziehen, etwa durch einen Kolben, den wir (einfachheitshalber reibungslos) zurückziehen und damit das Volumen kontinuierlich vergrößern. Dabei ist zu betonen, dass wir den Kolben zurückziehen und er nicht etwa durch den Druck des Gases geschoben wird. Im letzteren Fall müsste nämlich das Gas Arbeit leisten und dadurch würde seine Temperatur sinken. Die gewünschte Anordnung erhält man, wenn der Kolben sehr massiv ist und sich somit durch den Gasdruck nicht bewegen lässt.

Bei einem solchen Experiment gibt es zwei Veränderungsraten: die Relaxationszeit, die das gestörte Gas braucht, um wieder ins Gleichgewicht zu gelangen, und die Geschwindigkeit, mit der per Kolben das Volumen vergrößert wird. Wenn wir den Kolben ganz langsam bewegen (*adiabatisch* im Physikjargon), kann sich das Gas immer an die veränderten Bedingungen anpassen, es bleibt die ganze Zeit über im Gleichgewicht, die ansteigende Entropie also immer auf ihrem jeweiligen Maximalwert. Ziehen wir den Kolben dagegen

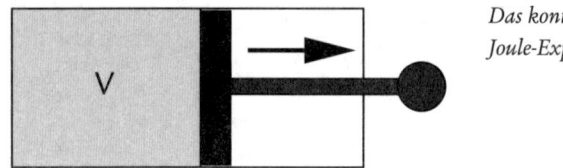

Das kontinuierliche
Joule-Experiment

so rasch zurück, dass das Gas dazu nicht imstande ist, dann entfernt
es sich immer weiter vom Gleichgewicht, es wird immer «geordne-
ter»: Die Moleküle versuchen verzweifelt, die sich immer weiter ent-
fernende Kolbenwand zu erreichen. Statt eines gleichförmigen Mediums entsteht dabei in diesem Fall ein richtungsgebundener Strom,
der ohne Erfolg versucht, dem entschwindenden Kolben zu folgen.
Anders gesagt: Wenn also das zur Verfügung stehende Volumen
schneller anwächst als die für ein Gleichgewicht erforderliche Relaxationszeit, dann wird die maximale Entropie nie erreicht. Im Gegenteil, die Differenz zwischen der maximalen und der tatsächlichen
Entropie wächst mit der Zeit immer weiter an, das System erhält
immer mehr Struktur. Dieser Sachverhalt, der Einfluss eines expandierenden Volumens auf den zweiten Hauptsatz der Thermodynamik, wurde um 1975 von dem an der Harvard-Universität in den
USA tätigen Kosmologen David Layzer als ein möglicher Faktor für
die Strukturbildung im Universum vorgeschlagen. Wenn man den
Behälter eines heißen Gases im Gleichgewicht rasch vergrößert,
sodass das Gas expandiert, dann bilden die Expansionsgeschwindigkeit und die Relaxationsgeschwindigkeit zwei kritische und einander
entgegengesetzte Faktoren. Ist die Expansionsrate des Volumens genügend gering, dann hat das System die nötige Zeit, die erforderlich
ist für das Erreichen der maximalen Entropie, des thermodynamischen Gleichgewichts. Ist das nicht der Fall, vergrößert sich das verfügbare Volumen, und damit wächst die maximale Entropie rascher
an als die tatsächliche Entropie des Systems. Es entfernt sich deshalb
immer weiter vom thermodynamischen Gleichgewicht, es entwickelt
sich immer mehr Ordnung, Struktur. Ich möchte nochmals betonen,
dass all dies im Einklang mit dem zweiten Hauptsatz der Thermodynamik steht: Die Entropie des Systems nimmt in der Tat ständig zu,

aber nicht so rasch, wie sie müsste, um das bei dem jeweils gegebenen Volumen mögliche Maximum zu erreichen. Die so entstehende Diskrepanz bedeutet Ordnung. Die Forderung einer Zunahme der Entropie ist also durchaus nicht, wie mitunter behauptet wird, gleichbedeutend mit einer Zunahme von Unordnung, von Strukturlosigkeit.

Wir sollten weiter betonen, dass die obigen Bilder schematisch gemeint sind und daher gewisse durchaus wesentliche Einzelheiten nicht berücksichtigen. Durch die Ausdehnung sinkt ja die Dichte im jeweiligen Volumen. Damit wird im Allgemeinen die Relaxationszeit größer, was zu einem immer schwächeren Anwachsen der tatsächlichen Entropie und damit zu einer stärkeren Strukturbildung führen muss – jedenfalls dann, wenn dabei die Expansionsgeschwindigkeit des Volumens gleich bleibt.

Das Ergebnis der hier dargestellten Überlegungen scheint mir einsichtig zu sein. Ausgehend von einem extrem heißen Gleichgewichtsgas als Anfangszustand, führt eine Expansion des Systems auf lange Sicht zu einer Differenz zwischen maximal möglicher und tatsächlicher Entropie und erzeugt so Struktur und Ordnung im Medium. In diesem Sinne bedeutet vollständige Unordnung, dass das System in einem Makrozustand ist, in dem alle verträglichen Mikrozustände gleich wahrscheinlich sind, dessen Entropie also maximal ist, während im Falle von Ordnung einige dieser Mikrozustände ausgeschlossen und andere hervorgehoben werden. Durch Entropie ausgedrückt heißt das, dass Struktur oder Ordnung R durch die Beziehung

$$R = S_{max} - S$$

bestimmt ist: Die Ordnung wird null, wenn die Entropie des Systems den maximal möglichen Wert erreicht. In diesem Fall sind alle erlaubten Zustände gleich wahrscheinlich, und damit liegt keine Auswahl, keine spezielle Struktur vor. Wenn R nicht null ist, also eine Ordnung vorhanden ist, dann hängt deren spezielle Form, deren Struktur, von der Natur der Wechselwirkung zwischen den Konstituenten des Gases ab, insbesondere von der Abhängigkeit dieser Wechselwirkung von Dichte und Temperatur. Es mag überraschen, dass somit «Unordnung» als der Zustand maximaler Entropie allgemeiner definiert zu sein scheint als «Ordnung»; dass man Ordnung nur definieren kann, wenn man weiß, was Unordnung ist. Aber Ordnung kann eben in vielen verschiedenen Varianten auftreten, in größerem oder kleinerem Maße, als Regen, Hagel oder Schnee, während Unordnung als völlige Gleichbehandlung aller möglichen Mikrostrukturen definiert ist.

Hier sollten wir noch festhalten, was bei einem ultimativen Joule-Experiment passiert. Wenn wir das anfangs eingesperrte Gas nämlich nicht in einen weiteren Behälter entkommen lassen, sondern in den leeren Raum, dann wird das nach dem Öffnen verfügbare Volumen unendlich, und damit wird auch die maximal mögliche Entropie unendlich. Die tatsächliche Entropie des expandierenden Gases steigt zwar mit der Zeit an, bleibt aber immer endlich. Die Ordnung, so wie wir sie gerade definiert haben, kann also nie verschwinden. Das System kann nie eine maximale Entropie erreichen, es kommt niemals in ein thermisches Gleichgewicht.

Das bringt uns zu dem zweiten Aspekt: Wie wirkt sich die Form der Wechselwirkung zwischen den Konstituenten des Mediums auf den Zustand maximaler Entropie aus? Dazu können wir zunächst feststellen, dass bei Gasen und ähnlichen, nicht zu stark wechselwirkenden Systemen das begrenzende Volumen der kritische Faktor ist. Wenn wir bei dem Joule-Experiment einfach alle Trennwände entfernen und das Gas in den freien, leeren Raum entlassen, dann fliegt alles auseinander, und die maximale Entropie wird so unendlich wie auch das verfügbare Volumen. In solchen Fällen, bei der Expansion von Gasen und ähnlichen Systemen, ist das Maximum der Entropie durch die von außen bestimmte Größe des Systems festgelegt. Wie aber sieht es aus, wenn wir stärkere Formen von Wechselwirkung zulassen?

Ein klassisches Beispiel dafür bildet die Schwerkraft, die zwei außergewöhnliche Eigenschaften hat: Ihre Reichweite ist unbegrenzt, und sie ist immer anziehend. Die elektromagnetische Kraft ist zwar prinzipiell auch von unbegrenzter Reichweite, aber es gibt positive und negative Ladungen. Dabei stoßen sich gleich und gleich ab, während sich gleich und ungleich anziehen. Das führt dazu, dass eine Kugel, die zwar viele, aber gleich viele positive und negative Ladungen enthält, aus der Ferne ungeladen zu sein scheint, weil sie für Testladungen keine elektrische Kraft erzeugt. Die verschiedenen Ladungen kompensieren einander, schirmen einander ab. Im Gegensatz dazu hat eine Kugel, die *n* Teilchen der Masse *m* enthält, eine Gesamtmasse *M* = *nm*, und diese bestimmt die durch die Kugel erzeugte Schwerkraft. In diesem Fall gibt es keine Abschirmung, die Schwerkraft ist additiv. Deshalb kann man den Gravitationseffekt ferner Körper nie ganz vernachlässigen. Und während gleiche Ladungen einander abstoßen und somit ein Vielkörpersystem solcher Ladungen auseinandergetrieben wird, zieht die Schwerkraft alle Massen zusammen. Daher bestimmt die Schwerkraft in gewisser Weise selbst die Systemgröße und macht den äußeren «Kasten» unwichtig.

Bisher haben wir die Energie und das Volumen des Systems als zwei unabhängige Größen betrachtet, die beide von außen, vom Experimentator, bestimmt werden. Diese Vorstellung stößt jetzt an eine Grenze. Nach Albert Einsteins *allgemeiner Relativitätstheorie* krümmt das Vorhandensein von Masse, oder allgemeiner von Energie, den Raum, in dem diese enthalten ist. Das führt dazu, dass eine Gleichverteilung vieler Massen durchaus nicht mehr der Zustand größter Entropie ist. Stellen wir uns eine gleichverteilte Anordnung von Murmeln auf einer Ebene vor. Erzeugen wir auf dieser Ebene in der Mitte eine Vertiefung, dann rollen die Murmeln dort hinein. Während für die Ebene die Gleichverteilung der Zustand größter Entropie war, bildet bei einer Raumkrümmung, einer Vertiefung, die Anhäufung der Murmeln am tiefsten Punkt einen solchen Zustand. Ein zunächst gleichverteiltes System von Massen wird sich deshalb unter dem Einfluss von Schwerkraft zu einer Kugel zusammenziehen, die viel kleiner ist als der Ausgangskasten des Systems. Die Größe des Murmel-

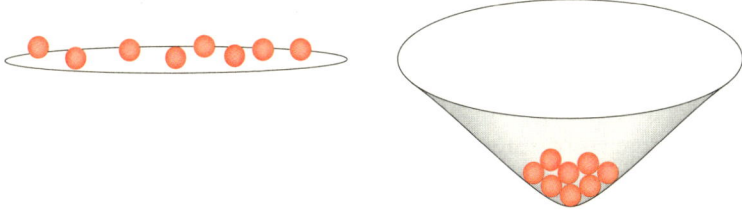

Der Effekt von Raumkrümmung auf die Massenverteilung

haufens, die Dichte der Packung, wird bestimmt durch die Größe der einzelnen Murmeln. Das Gleiche gilt auch für das «gravitierende» Gas, bei dem die einzelne Massengröße die Größe des Sterns oder des Sternenhaufens bestimmt.

Die Struktur des Universums auf kosmischer Ebene ist ganz wesentlich ein Ergebnis der Schwerkraft. Und für die Schwerkraft ist das gleichförmige, heiße Gas kurz nach dem Urknall, auf lange Sicht gesehen, nicht mehr der Zustand größter Entropie. Diesen erreicht es durch «Klumpenbildung», sodass es gerade der zweite Hauptsatz der Thermodynamik ist, der den klassischen Wärmetod des Universums verhindert. Mit anderen Worten: Die Evolution des Universums verläuft in der Tat von niedriger zu höherer Entropie; nur ist das gleichförmige Gas in einem Schwerkraft-bestimmten System von vergleichsweise niedriger Entropie, da Klumpenbildung zu einem Entropie-Anstieg führt. Das ergibt den wesentlichen Unterschied zu den kurzreichweitigen Gasen der üblichen Thermodynamik.

In unserem Zusammenhang können wir uns den Ausgangspunkt dieses Prozesses vorstellen als ein System mit einer Gesamtmasse M (also einer Gesamtenergie Mc^2), bestehend aus massiven Teilchen, die per Schwerkraft miteinander wechselwirken. Nach Einsteins Relativitätstheorie für die Schwerkraft (die bereits erwähnte *allgemeine Relativitätstheorie*) wird ein solches System, selbst wenn es als gleichförmiges Gas in einem Kasten der Größe V anfängt, rasch sein Schicksal in die Hände nehmen und sich zu einer Kugel viel kleinerer Größe zusammenziehen. Diese Größe kann man berechnen, und sie ist sehr viel kleiner als der Ausgangskasten. Bisher hatten wir uns immer die Energie des Systems und sein Volumen als zwei getrennte Größen vorgestellt. Im Fall der Schwerkraft aber hört das irgendwann auf – wenn die Gesamtmasse genügend groß wird, bestimmt sie selbst die räumliche Ausdehnung des Systems. Und in diesem Falle ist die größtmögliche Entropie diejenige, die durch eine Klumpenverteilung, sprich eine Sternenwelt, gegeben ist, unabhängig von dem zur Verfügung stehenden «Kasten».

An dieser Stelle müssen wir festhalten, dass die Entropie eines heißen, aus Teilchen gebildeten Gases nicht niedriger ist als die des Sterns, der im Laufe der Zeit daraus entsteht; die Entropie des Sterns allein ist in der Tat niedriger. Aber beim Entstehen des Sterns, während der Zusammenballung der Materie, wird ein Teil der Gesamtmasse in Strahlungsenergie verwandelt, es werden Photonen abgestrahlt. Und die Entropie des so erzeugten Photongases ist wesentlich größer als die des ursprünglichen, heißen Teilchengases, da das Photongas eine viel geringere Dichte aufweist und somit ein viel größeres Volumen beansprucht. Der Entropie erzeugende Übergang führt also von einem gleichförmigen, heißen Teilchengas zu einem kompakten Stern in einer viel größeren Wolke von Photonen.

Der allgemeine Rahmen für die Entwicklung des Universums nach dem Urknall ist damit vorgegeben. Wir haben gesehen, dass Ausdehnung eine strukturierte Welt erzeugen kann, die nicht im Gleichgewicht ist, und dass selbst im Gleichgewicht langreichweitige Kräfte, wie die Schwerkraft, auf eine Form von Sternenverteilung als Zustand größter Entropie führen können.

Etwa 500 Millionen Jahre nach dem Urknall erhalten wir auf diese Weise eine Welt, in der sich in den geringen Unebenheiten, die aus den Quantenfluktuationen der frühesten Zeit hervorgegangen sind, Klumpen gebildet haben. Gaswolken bewegen sich durch den inzwischen recht leeren Raum, treffen aufeinander, vereinigen sich zu größeren oder brechen in kleinere Wolken auseinander. Dabei geschehen zwei für die weitere Entwicklung wichtige Dinge: Wenn zwei Wolken aufeinanderprallen, löst das in der Regel eine Rotation des zusammenhängenden Gebildes aus. So ist es nicht verwunderlich, dass die meisten Galaxien heute scheibenförmige Strukturen haben, mit einer erhöhten Dichte im Zentrum.

Die Dynamik der Galaxienentstehung ist heute noch recht unvollständig bekannt. Im Aufprall entstehen verschiedene Dichtebereiche, und die Rotation führt dazu, dass sich am Rande der Scheibe

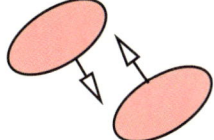 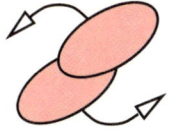 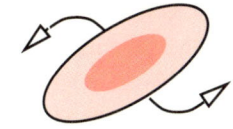

Das Entstehen einer Galaxie durch Zusammenprall von zwei Gaswolken

verschiedene nach außen gerichtete, spiralförmige Arme bilden. Durch die Schwerkraft zieht sich dieses Gebilde zusammen, wodurch die Rotation wiederum beschleunigt wird. Das ist ein recht bekannter Effekt, den zum Beispiel Schlittschuhläufer routinemäßig ausnutzen. Sie versetzen sich zunächst in Drehung mit ausgestreckten Armen und legen dann die Arme an den Körper an, was die Drehung dramatisch schneller macht. Bei der Galaxienbildung führt es dazu, dass die Sterne in den Armen wie Perlen an einer Kette um das Zentrum fliegen, wie das Bild der Spiralgalaxie Messier 101 am Ende dieses Kapitels sehr schön zeigt.

Wenn innerhalb der Galaxie zwei Gaswolken aufeinandertreffen, entsteht in der Aufprallzone ein Bereich hoher Energie – im Idealfall genügend hoch, um Kernfusion auszulösen, was wiederum auf Strahlung führt. An allen solchen Orten bilden sich dann leuchtende Sterne; jede Galaxie besteht aus einer Unzahl von Sternen. Die Kernfusion führt außerdem zur Bildung schwererer Elemente als die in der Nukleosynthese des frühen Universums entstandenen. Das gesamte heutige Spektrum der Elemente hat also seinen Ursprung in der kosmischen Strukturformation im Großen, in dem Zusammenprall und der dann folgenden Kontraktion von Gaswolken, aus denen so Sterne wurden.

Die Ausmaße von Galaxien sind kaum vorstellbar; im Falle unserer Milchstraße hat die Scheibe eine mittlere Dicke von etwa 3000 Lichtjahren, einen Durchmesser von etwa 100 000 Lichtjahren, und sie enthält mehr als 100 Milliarden Sterne. In dem für uns sichtbaren Universum gibt es Milliarden solcher Galaxien, die sich ihrerseits zu noch größeren Supergalaxien zusammenfinden. Wiederum scheint ein selbstähnliches Schema vorzuliegen, das auf allen Größenebenen Strukturen der gleichen Art ergibt.

Das Bild der Galaxie Messier 101 kann vielleicht ein wenig von der Schönheit und der Unendlichkeit solcher Strukturen zeigen. Auch die Milchstraße, unsere «Heimatgalaxie», ist von dieser Art. Unsere Sonne, der Mittelpunkt unseres Sonnensystems, befindet sich in einem der Spiralarme, ungefähr am Rande des eigentlichen Zentrums. Da wir selbst Teil der Struktur sind, ist unser Bild der Milchstraße nicht in gleichem Maße vollständig: Wir blicken schräg durch die Scheibe unserer Galaxie und sehen sie somit mehr als längliches Gebilde. Im

Übrigen befindet sich zwischen den Spiralarmen nicht etwa leerer Raum; dort «wohnen» viele alte, dunkle und massenarme Sterne, die nicht mehr leuchten. Die Spiralform ist also mehr die Dekoration einer Scheibe als eine echte vielarmige Struktur.

Es gibt also schon eine gewisse Ähnlichkeit zwischen einer Galaxie und einem Sonnensystem wie dem unseren. In der Galaxie kreisen anstelle von Planeten Sterne um ein Zentrum, nur dass dieses nicht durch *ein* massives Objekt bestimmt wird. In unserem Sonnensystem ist die Sonnenmasse tausendmal größer als die Massen aller Planeten zusammen, sodass es Sinn macht, von den die Sonne umkreisenden Planeten zu sprechen. Im Fall der Galaxie ist das Zentrum, aus der Sicht unserer Sonne, bestimmt durch alles, was sich innerhalb einer durch die Sonnenbahn bestimmten Kugel befindet. Das sind, soweit wir heute wissen, nicht nur immens viele weitere Sterne, sondern auch noch ein außerordentlich massives schwarzes Loch, dessen Masse allein schon etwa 1 Prozent der Masse der gesamten Milchstraße ausmacht.

Die Sonne umkreist den so bestimmten Mittelpunkt der Milchstraße mit einer Geschwindigkeit von etwa 200 km/s; das bedeutet, dass sie für eine vollständige Umrundung etwa 200 Millionen Jahre benötigt. Man nimmt an, dass die Sonne etwa eine Milliarde Jahre nach dem Urknall entstanden ist; somit hat sie bereits mehr als fünfzig solche Umrundungen hinter sich. Und auf zumindest der Hälfte dieser Fahrten war auch unsere Erde schon dabei. Eine Auswirkung davon haben wir bereits gesehen: Weil die Erde sich mit dieser Geschwindigkeit relativ zum Schwerpunkt der Milchstraße bewegt, ist die durch den gesamten Weltraum bestimmte kosmische Mikrowellenstrahlung, die wir hier beobachten können, entsprechend «Doppler-verschoben». Das Bild auf Seite 106 zeigt die Fahrtrichtung des Raumschiffs Erde in dieser galaktischen Welt.

Wir haben von der Größe von Galaxien gesprochen. Wenn wir abschätzen können, wie viele Sterne eine Galaxie enthält und wie groß die Masse eines typischen Sterns ist, dann wissen wir auch, wie schwer die gesamte Galaxie ist. Die Anzahl der Sterne kann man bestimmen, indem man die Leuchtkraft der Galaxie durch die eines wiederum typischen Sterns teilt. Daraus entnimmt man, dass die Milchstraße

Spiralförmige Galaxie (Messier 101)

etwa 100 Milliarden Sterne enthält und entsprechend eine Masse von
etwa 100 Milliarden Sonnenmassen besitzen müsste. Mit Hilfe dieser
Masse können wir nun über das Schwerkraftgesetz bestimmen, wie
lange eine Sonnenumrundung der Milchstraße dauern sollte. Und
das Ergebnis ist leider falsch – wie wir im folgenden Kapitel sehen
werden. Wobei «sehen» hier das falsche Wort ist – es gibt im Universum eben mehr als das, was man sehen kann.

Alles Sichtbare haftet am Unsichtbaren.

Novalis (1772–1801)

7. Dunkle Ecken

hat es in der Physik immer gegeben und wird es wohl auch immer geben. Aber da der Schlüssel zur Erkenntnis oft nicht unter dem Licht der Laterne liegt, sondern in dem entfernteren, nicht einsehbaren Bereich, in der Finsternis, haben die dunklen Ecken doch insgesamt einen guten Ruf: Sie sind die Aufforderung der Natur, noch weiter zu suchen und weiter nachzudenken.

Die weitere Suche nimmt oft eine ganz bestimmte Form an. Als Ernest Rutherford das Atommodell aufstellte, mit einem positiv geladenen Kern, umgeben von negativen Elektronen, ergab die gesamte Masse der positiven Protonen nicht das Gewicht des Kerns, es war viel zu wenig. Irgendetwas stimmte nicht. Der Ausweg: Es müsste also, so Rutherford 1920, noch eine weitere, schwere, aber ungeladene Teilchenart geben, die mit den Protonen zusammen den Kern ausmacht, die sich aber nicht so einfach sehen lässt. Zwanzig Jahre später hat dann sein Schüler James Chadwick dieses *Neutron* experimentell nachgewiesen.

Das Neutron hat die Geschichte dann noch fortgesetzt. Es war in isoliertem Zustand nicht stabil, sondern zerfiel in ein Proton und ein Elektron; die Gesamtladung des Systems war also weiterhin null. Nun konnte man die Massen und die kinetischen Energien von Proton und Elektron messen. Addierte man sie auf, erhielt man weniger als die Masse des Neutrons. Wieder fehlte etwas. Und diesmal war es

Ernest Rutherford (1871–1937)

Wolfgang Pauli, der das auf ein kleines, wiederum unsichtbares Teilchen schob, das *Neutrino*. Das war noch schwerer nachzuweisen, aber auch hier klappte es endlich.

Auch in der Betrachtung des Universums gibt es solche dunklen Ecken, in denen etwas sein muss, das man aber nicht sehen, sondern nur durch seinen Effekt auf die Umwelt nachweisen kann. Eines dieser Phänomene haben wir schon erwähnt:

Schwarze Löcher.

Ein schwarzes Loch ist aus unserer Sicht zunächst einmal das, was von einem genügend massiven Stern übrig bleibt, nachdem er ausgebrannt ist. Wenn kein nukleares Brennmaterial mehr vorhanden ist, geht das Feuer aus und der Hitzedruck, der die Anziehung der Schwerkraft kompensiert hatte, ist nicht mehr vorhanden. Der Stern kollabiert unter Ablauf verschiedener Reaktionen so lange, bis er nur noch aus Neutronen besteht. Das sind, wie wir bereits erwähnt haben, territoriale Teilchen, die etwas dagegen haben, zusammengepresst zu werden. Der sogenannte Pauli-Druck erzeugt daher nun ein kleineres stellares Gebilde, einen Neutronenstern. Voraussetzung ist allerdings, dass die gesamte Masse nicht zu groß ist; denn sonst ist die Schwerkraft in der Lage, selbst den Neutronenstern noch weiter zu komprimieren und so ein ganz neues Gebilde zu erzeugen: ein schwarzes Loch.

Die wesentliche Eigenschaft schwarzer Löcher ist, dass ihre Schwerkraft ausreicht, um selbst Licht nicht mehr entkommen zu lassen. Von der Erdoberfläche her kennen wir die sogenannte Fluchtgeschwindigkeit, also die Geschwindigkeit, die wir etwa einem Geschoss geben müssen, damit es die Erdanziehung überwindet und in den Weltraum entfliehen kann. Sie ist proportional zur Erdmasse und umgekehrt proportional zum Erdradius. Ist ein Himmelskörper ausreichend massiv und klein, dann kann die dort erforderliche Fluchtgeschwindigkeit größer werden als die Lichtgeschwindigkeit. Ein solches Objekt hält alles in seinem Bann, selbst Licht: Es ist ein schwarzes Loch, aus dem nichts je wieder entkommen kann. Die mögliche Existenz solcher Gebilde hat bereits vor über zweihundert Jahren John Michell, ein englischer Pfarrer und Naturphilosoph, vorhergesagt. Der berühmte französische Mathematiker Pierre-Simon de Laplace hat kurz danach einen mathematischen Beweis dafür geliefert. Heute sind wir uns sicher, dass es solche schwarzen Löcher tatsächlich gibt in unserem Universum. Man kann sie zwar nie sehen, aber man kann ihre Auswirkung auf die Umwelt beobachten: Wenn irgendwo ein leuchtender Lichtstreif plötzlich im Nichts zu verschwinden scheint, dann hat ihn ein schwarzes Loch gefressen. Der berühmte englische Mathematiker und Schriftsteller Lewis Carroll, unsterblich geworden durch *Alice im Wunderland*, hat diesen Vorgang sehr schön beschrieben. In seiner Ballade *Die Jagd auf den Snark* bricht eine Expedition auf, um ein mysteriöses Wesen namens Snark zu finden. Davon gibt es zwei Sorten, normale Snarks und *Boojums*. Die Letzteren haben die furchtbare Eigenschaft, dass, wer sie sieht, sich sofort in nichts auflöst. Wie kann man sie also entdecken? Um der Lösung dieses Dilemmas willen, und nicht nur deshalb, ist Carrolls Ballade lesenswert.

Im Universum gibt es in der Tat etwas Vergleichbares: Zwillings-

Vision des Cygnus-X-1-Vorgangs, rechts das schwarze Loch, links der noch leuchtende Stern

sterne, von denen der eine stirbt und ein schwarzes Loch wird. Dann wird das Material des noch leuchtenden Sterns in das ihn begleitende schwarze Loch abgesaugt. Das scheint bei dem beobachteten Doppelsternsystem Cygnus X-1 der Fall zu sein.

Die aus sterbenden Sternen entstandenen schwarzen Löcher sind zwar sehr massiv, mit Massen von fünf bis zehn Sonnenmassen oder mehr, aber eben auch sehr klein; bei einem schwarzen Loch von zehn Sonnenmassen erhält man einen Radius von etwa 30 km, während ein leuchtender Stern dieser Masse eine Größe von mehr als einer Million Kilometer hat.

Neben stellaren schwarzen Löchern meint man heute aber noch eine weitere Form solcher Gebilde zu finden: die sogenannten *supermassiven* schwarzen Löcher, die eine Masse von bis zu einer Milliarde Sonnenmassen haben. Diese Monster finden sich in den Zentren der meisten Galaxien; sie könnten in der Frühphase des Universums entstanden sein, in der sich Gaswolken zu sehr massiven, sternähnlichen Gebilden zusammengezogen haben. Aus diesen konnten dann durch Kollabieren schwarze Löcher mittlerer Größe entstehen, die im weiteren Verlauf fortwährend alle Sterne ihrer Umwelt «aufgefressen» haben, um ihre heutige Größe zu erreichen. Man ist sich heute relativ sicher, dass ein supermassives schwarzes Loch auch im Zentrum der Milchstraße residiert. Wir werden gleich sehen, wie man zu diesem Schluss kommt.

Eine der größten Erkenntnisse der Physik ist Isaac Newtons Feststellung, dass die gleiche Kraft in universeller Form die Anziehung

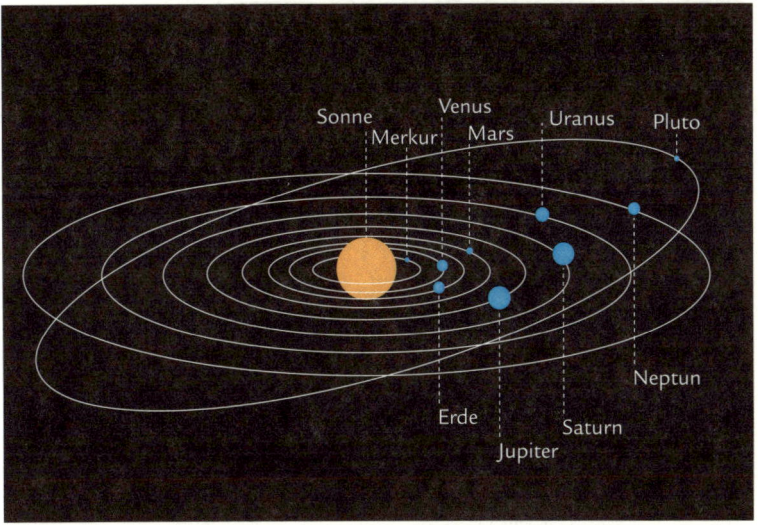

Planetenbahnen um die Sonne

von Massen bestimmt: die Schwerkraft. Sie erstreckt sich von fallen-
den Äpfeln auf der Erde bis zu den Planetenbahnen um die Sonne
und noch darüber hinaus.

Die Stärke der Schwerkraft wird bestimmt durch eine universelle
Konstante G, die Newton'sche Konstante, die die Kraft festlegt, mit
der sich zwei Massen in einem gegebenen Abstand anziehen. Wenn
wir den Radius der Erde kennen, können wir mit Hilfe von Newtons
Schwerkraftgesetz die Erde «wiegen», also ihre Masse bestimmen –
die Einzelheiten beschreiben wir in Anhang 2. Newton vermochte
aus seinem Gesetz etwa abzuleiten, dass der sich im Gleichgewicht
zwischen Erdanziehung und Zentrifugalkraft bewegende Mond
28 Tage benötigt, um einmal die Erde zu umkreisen. Aus Newtons
Gesetz folgt nämlich (siehe wieder Anhang 2), dass die Umlaufgeschwindigkeit, genauer gesagt, ihr Quadrat, umgekehrt proportional
ist zu dem Abstand Erde–Mond. Das Gewicht des Mondes ist dabei
unwichtig, ein auf der Umlaufbahn des Mondes positionierter Satel-
lit würde ebenfalls 28 Tage brauchen.

Das gleiche Gesetz lässt sich auf die Bahn der Erde um die Sonne

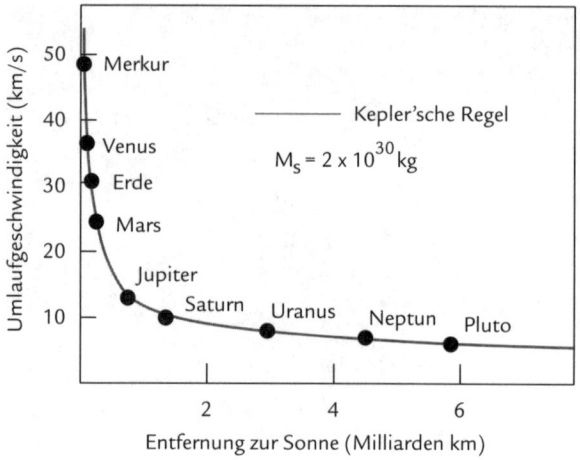

Umlaufgeschwindigkeit gegen Sonnenentfernung für die Planeten unseres Sonnensystems, verglichen mit der Beschreibung durch die Kepler'sche Regel

anwenden oder auf die jedes anderen Planeten. Man erhält dann die bereits vor Newton von Johannes Kepler erkannte Regel: Das Quadrat der Umlaufgeschwindigkeit eines Planeten um die Sonne ist umgekehrt proportional zu seinem Abstand von der Sonne. Diese Regel kann man benutzen, um entweder zu bestimmen, wie lang ein Jahr ist, oder – wenn man das schon weiß – um die Sonne zu «wiegen». Weiterhin erhält man eine universelle Kurve, die die Umlaufgeschwindigkeit eines beliebigen Planeten mit dessen Abstand von der Sonne verknüpft. Das Ergebnis dieses Wiegeprozesses hat auf etwa 2×10^{30} kg geführt; die entsprechende Kurve ist oben dargestellt. Dies vorausgeschickt, können wir uns von Astronomen die von ihnen gemessenen Umlaufgeschwindigkeiten und Sonnenabstände der verschiedenen Planeten geben lassen und sie dann in das Bild eintragen. Wie man sieht, stimmen alle Planeten unseres Sonnensystems wunderbar mit den Berechnungen von Kepler und Newton überein – selbst Pluto, dem inzwischen der offizielle Planetenstatus aberkannt wurde; er gilt jetzt als Zwergplanet.

Mit den gewonnenen Einsichten wenden wir uns wieder dem schwarzen Riesenloch im Zentrum der Milchstraße zu. Man findet dort einen Stern (S2 in der Notation der Astronomen), der einen unsichtbaren Mittelpunkt unserer Galaxie in einem Abstand von etwa 10^{10} km alle 15 Jahre umrundet. Daraus folgt, dass das verantwortliche Gravitationszentrum eine Masse von mehr als einer Million Sonnenmassen haben muss. Und aus der Umlaufbahn folgt, dass diese riesige Masse in einem Volumen von etwa der Größe des Sonnensystems enthalten sein muss: also über eine Million Sonnenmassen in dem Volumen unseres Planetensystems. Kein bekanntes astronomisches Gebilde, außer einem schwarzen Loch, kann eine derart große Masse in einem so kleinen, durch den Umlaufradius bestimmten Volumen enthalten.

Schwarze Löcher liefern uns also eine erste Form von dunkler, unerreichbarer Ecke, deren Dunkel wir nie aufhellen können. Wir sehen zwar, welchen Effekt sie auf ihre Umwelt ausüben, aber wir können nie sagen, wie es in ihrem Inneren aussieht. Trotzdem sind sie, im Vergleich zu dem, was im Weiteren kommt, noch irgendwie überschaubar. Sie sind ein Produkt der wohl bekanntesten Kraft unserer Welt, der Schwerkraft. Seit Michell und Laplace kann man sich vorstellen, wie so etwas als Konsequenz der Schwerkraft in ihrer Einwirkung auf die uns bekannte Materie entstehen kann.

Wenn wir das Verhalten von Galaxien im Großen verstehen wollen, geraten wir mit solchen Vorstellungen aber an eine Grenze. Es führt uns nämlich auf die bereits mehrfach erwähnte

dunkle Materie.

Wir wollen ihre Auswirkungen hier etwas genauer darstellen, nehmen das Ergebnis aber einfachheitshalber schon einmal vorweg. Eine Galaxie besteht aus Millionen oder sogar Milliarden von Sternen, die dem gesamten System eine bestimmte Masse geben; ein Teil, aber nur ein kleiner (weniger als ein Prozent), wird durch das schwarze Riesenloch im Zentrum geliefert, der Rest durch die zahlreichen Sterne. Die Masse der Galaxie bestimmt über das Schwerkraftgesetz die Bewegung der einzelnen, zu ihr gehörenden Sterne oder Untergruppen von Sternen. Die verfügbare Masse muss die Zentrifugalkraft der kreisenden Sterne genau kompensieren, damit das Ganze nicht auseinanderfliegt. Und die Masse aller sichtbaren Sterne reicht nicht annähernd aus, um die beobachtete Bewegung zu erklären, die die Sterne am Rande der Galaxie ausführen. Das hatte bereits 1933 den in Kalifornien arbeitenden Schweizer Astrophysiker Fritz Zwicki zu der Feststellung gebracht, dass es in jeder Galaxie fünf- bis zehnmal mehr für uns unsichtbare Masse geben muss (auch in der unseren, der Milchstraße), um das Verhalten der Galaxiekomponenten wiederzugeben: die *dunkle Materie*. Sie wechselwirkt mit dem Rest nur über die Schwerkraft; gegenüber jeder anderen Kraft bleibt sie unsichtbar. Wie zunächst beim Kern, dann beim Neutronzerfall, sind wir hier heute also wieder in einer Situation, in der wir sehen, dass etwas fehlt. Da muss noch etwas sein, aber wir wissen nicht, was. Sehen wir uns das Problem näher an.

Im Inneren der Galaxie kreisen Sterne um ein Zentrum, das auch das besagte schwarze Loch enthält. Je weiter wir uns vom Zentrum entfernen, desto mehr Sterne befinden sich in einer durch unsere Position bestimmten Kugel. Desto größer ist mithin auch die Masse, die den Umlauf eines Sterns auf der Kugeloberfläche bestimmt, und entsprechend höher seine Umlaufgeschwindigkeit. Bei der Kepler'schen Regel hatten wir den Umlauf von Planeten um die Sonne bestimmt, deren Masse fest vorgegeben ist. Dabei wurde die Umlaufgeschwindigkeit mit zunehmendem Abstand geringer. Jetzt aber steigt mit zunehmender Entfernung das umschlossene Volumen und somit auch die darin enthaltene Masse, die effektive «Sonne» wird immer massiver. Daher erhöht sich die Umlaufgeschwindigkeit von Sternen mit wachsender Entfernung vom Zentrum.

Sobald wir aber die Grenzen der Galaxie erreichen, kommt dieser Prozess zum Halt. Die effektive Masse der Kugel steigt mit weiterer Entfernung nicht mehr an, sondern bleibt praktisch konstant, woraus folgt, dass die Umlaufgeschwindigkeit nun für weiter entfernte Sterne wieder abnimmt; das fordert die jetzt wieder gültige Kepler'sche Regel. Für Sterne am Rande der Galaxie ist diese so etwas wie eine Sonne, die Objekte außerhalb des dicht besiedelten Gebietes per Schwerkraft in Umlaufbahnen hält. Die Gesamtmasse bestim-

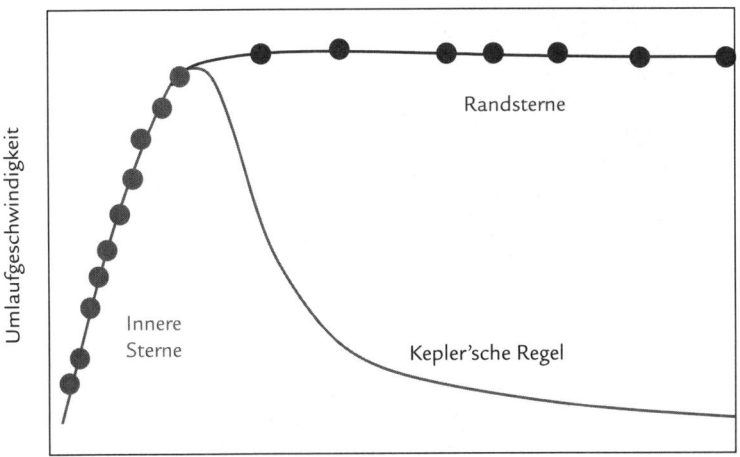

Entfernung vom Zentrum

Die Umlaufgeschwindigkeit von Sternen in einer Galaxie als Funktion der Entfernung vom Zentrum; nach der Kepler'schen Regel und wie beobachtet

men wir durch die Masse der sichtbaren Sterne und berechnen dann je nach dem Abstand eines Randsterns vom Zentrum dessen Umlaufgeschwindigkeit. So erhalten wir die im obigen Bild angegebene Vorhersage für das Verhalten der Randsterne. Ein Vergleich mit den gemessenen Umlaufgeschwindigkeiten zeigt aber nun, dass diese Vorhersage völlig falsch ist. Die Umlaufgeschwindigkeit bleibt konstant, unabhängig vom Abstand Randstern–Galaxiezentrum. Während sonnenferne Planeten langsamer kreisen als sonnennahe, haben hier alle äußeren Sterne bis hin zur fünf- bis zehnfachen Entfernung von der Galaxie immer die gleiche Geschwindigkeit. Wie ist das möglich?

Wenn die Umlaufgeschwindigkeit mit zunehmender Entfernung vom Zentrum nicht abnimmt, dann muss die verantwortliche Schwerkraft zunehmen. Die sichtbare Masse aber bleibt gleich und ist, wie wir gesehen haben, zu gering. Es muss also eine zusätzliche unsichtbare Materie geben, in die das gesamte System eingebettet ist. Und die Masse dieser dunklen Materie muss mit dem Abstand vom

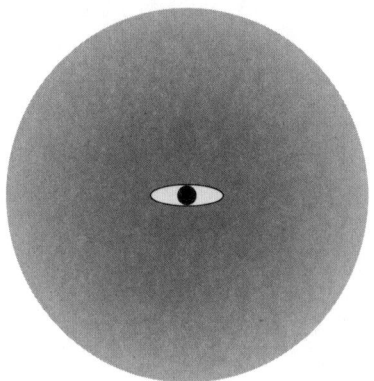

*Die Wolke dunkler Materie
um eine Galaxie*

Zentrum linear zunehmen; was wiederum erfordert, dass ihre Dichte mit dem Quadrat der Entfernung abnimmt (siehe Anhang 2 und 3). Die für die Anziehung jedes Randsterns zuständige Masse ist dann nicht nur die Leuchtmasse der Galaxie, sondern zusätzlich die dunkle Materie, die sich in einer Kugel von der Größe seiner Umlaufbahn befindet. Die leuchtende Masse einer Galaxie macht mithin nur einen kleinen Teil ihrer Gesamtmasse aus – fünf- bis zehnmal so viel bleiben unsichtbar. Jede Galaxie, die wir am Himmel sehen, als leuchtende Sternenschar, ist eingebettet in eine sehr viel größere unsichtbare Wolke dunkler Materie.

Nach unserer heutigen Vorstellung ist eine Galaxie demnach aus drei Bestandteilen aufgebaut. Im Zentrum befindet sich ein supermassives schwarzes Loch, um das mit zunehmendem Abstand eine immer größere Zahl von Sternen kreist. Ihr Umkreisen definiert eine Art Diskusscheibe, so wie auch die Planeten durch ihre Bahnen um die Sonne mit gewissen Schwankungen eine Ebene um die Sonne bilden. Der galaktische Diskus wiederum ist in eine Kugel dunkler Materie eingebettet, die dafür sorgt, dass die weiter vom Zentrum entfernten Sterne mit gleichbleibender Geschwindigkeit um das Galaxiezentrum kreisen.

Während es sich bei den schwarzen Löchern noch um Schwerkrafteffekte *normaler* Materie handelt, also um die Kompression von Neutronen, sind wir bei der dunklen Materie zumindest bis heute mit unserer Weisheit am Ende. Woraus besteht die dunkle Materie? Die Suche nach der Antwort ist heute das Thema schlechthin in der Teilchenphysik wie auch in der Kosmologie.

Allerdings zeigen verschiedene Messungen immer genauer, dass die dunkle Materie nicht aus irgendwelchen bereits bekannten Teilchen besteht. Weder emittiert oder absorbiert sie Licht, noch zeigt sie irgendwelche Wechselwirkung mit unserer sichtbaren Welt, außer eben durch die Schwerkraft. Sie umgibt jede Galaxie wie eine sehr viel größere Wolke, deren Dichte, wie erwähnt, mit dem Quadrat der Entfernung vom Zentrum abnimmt. Die gängigste Spekulation ist zurzeit, dass diese Wolke aus noch unbekannten, schwach wechselwirkenden massiven Teilchen besteht (*Weakly Interacting Massive Particles* = WIMPs). Millionen, wenn nicht Milliarden solcher WIMPs müssten danach in jedem Kubikmeter auch unserer hiesigen Welt enthalten sein – aber wegen der so schwachen Wechselwirkung sind sie (bisher) nicht nachweisbar. Die Experimentatoren am CERN in Genf versuchen in ihren hochenergetischen Kollisionen, diese Geister aufzuspüren, wohingegen die Theoretiker in ihren supersymmetrischen Modellen nach Teilchen suchen, die die gewünschten Eigenschaften haben könnten.

Die experimentelle Suche folgt dem bekannten Schema, das bereits zur Entdeckung von Neutron und Neutrino geführt hat: Irgendetwas fehlt im Bild. Vielleicht kann uns Arthur Conan Doyles Meisterdetektiv Sherlock Holmes den Zugang verschaffen. In einer seiner Kriminalgeschichten, die sich um den Diebstahl eines Rennpferdes und den Mord an dessen Trainer dreht, weist Sherlock Holmes auf «das seltsame nächtliche Verhalten des Hofhundes» hin. Sein treuer Begleiter Dr. Watson erwidert, dass dieser Hund nachts doch absolut nichts getan habe, kein einziges Mal gebellt. Sherlock Holmes darauf: «Mein lieber Watson, genau das ist das seltsame Verhalten.» Die verwunderliche Tatsache, dass das nicht geschehen ist, was eigentlich zu erwarten gewesen wäre, zwingt ihn, die Suchrichtung einzuschränken: Wenn der Täter ein Fremder gewesen wäre, hätte der Hund gebellt. Wenn in einer Kollision tatsächlich ein WIMP entsteht, kann man es wegen der außerordentlich schwachen Wechselwirkung in den Detektoren niemals sehen. Aber die Erzeugung

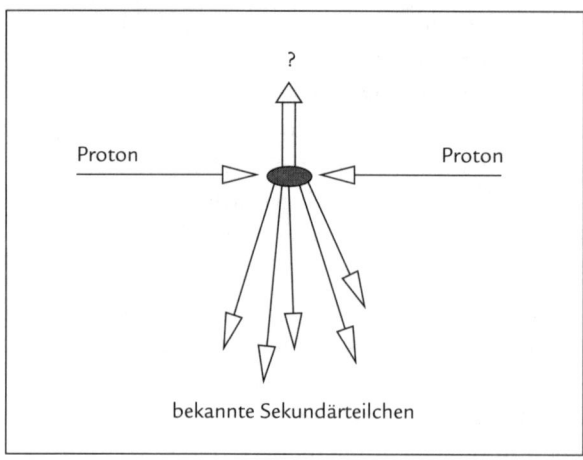

Irgendetwas muss den Rückstoß der beobachteten Sekundärteilchen ausbalancieren: WIMPs?

eines sehr massiven, hochenergetischen Teilchens erzeugt gleichzeitig auch einen Rückstoß, und der wiederum führt zur Bildung eines Jets vieler normaler Teilchen, wie oben dargestellt. Man muss also einen Jet von Teilchen finden, dessen Rückstoß-Partner fehlt. Da die für das WIMP erwartete Masse bis zu tausend Protonmassen erreichen könnte, erfordert eine solche Suche sehr hohe Kollisionsenergien; vielleicht reichen die vom *Large Hadron Collider* in Genf gelieferten ja dafür aus.

Die WIMP-Suche ist jedenfalls heute wohl das brennendste Thema am CERN, und ein Erfolg wäre ein triumphaler Durchbruch. Aber es gibt leider auch andere, weniger exotische Möglichkeiten für einen nicht erkannten Rückstoß-Partner – etwa direkt oder indirekt erzeugte energiereiche Neutrinos.

Von theoretischer Seite hofft man, in der Vielzahl der vorhergesagten Teilchen auch etwas zu finden, das als Konstituenten für die dunkle Materie in Betracht käme. Die mathematische Struktur solcher Theorien fasziniert viele Theoretiker, aber mathematische Schönheit allein reicht nicht aus. Die Zyklen und Epizyklen des ptolemäischen Weltbildes ergaben auch ein mathematisch äußerst interessantes Schema, das zudem extrem genau experimentell bestätigte Vorhersagen lieferte. Trotzdem wurde es dann durch die viel einfachere kopernikanische Formulierung abgelöst. Man kann also nur hoffen und warten.

Neben schwarzen Löchern und dunkler Materie gibt es noch ein drittes Phänomen, das trotz zahlreicher Untersuchungen bisher recht dunkel und mysteriös geblieben ist:

die dunkle Energie.

Sie trat bereits am Anfang unserer Überlegungen auf als restliche Raumenergie in unserem Universum nach dem Platzen der Blase im Multiversum. Schon Einstein hat eine solche Größe vor hundert Jahren in seine allgemeine Relativitätstheorie eingebaut, und zwar aus durchaus ähnlichen Gründen. Es lohnt sich, das etwas näher zu betrachten.

Die Newton'sche Mechanik beschreibt die Schwerkraft zwischen zwei Massen, sagt aber nicht, wie diese Kraft zustande kommt. Einstein ging deshalb einen Schritt weiter: Er verlagerte den Effekt der Kraft in die Struktur des Raums. Die Erde kreist um die Sonne – laut Newton, weil die Schwerkraft der Sonne die Zentrifugalkraft der Erde ausbalanciert, so wie wir einen Stein am Band um uns kreisen lassen können. Einstein wollte die Natur des Bandes verstehen und kam zu dem Schluss, dass es dieses Band gar nicht gibt. Stattdessen verbiegt die Anwesenheit der Sonne den Raum, so wie eine schwere Kugel in einer weichen Oberfläche eine Einbuchtung erzeugt, und die Erde rollt dann in diese Mulde und kreist um die Sonne (siehe Bild auf Seite 162).

Diese Überlegungen führten Einstein zu seinen berühmten Gleichungen, die Raum, Zeit und Materie miteinander verknüpften. In vereinfachter Form (Anhang 3 enthält etwas mehr Details) kann man diese Gleichungen so zusammenfassen:

$$G_E = T_M,$$

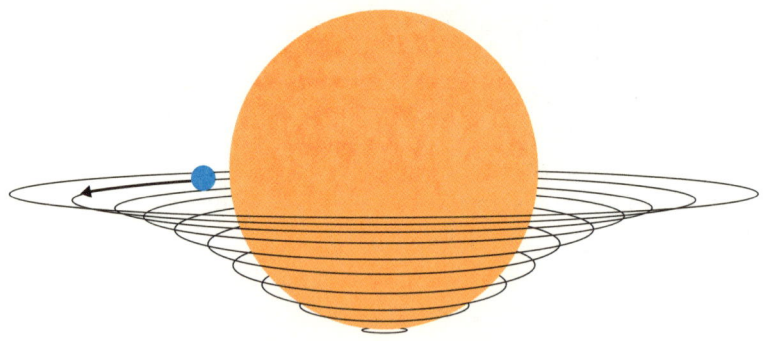

Bestimmung der Erdumlaufbahn um die Sonne durch Raumdeformation

wobei G_E eine die Raumzeitkrümmung beschreibende mathematische Größe ist (der Einstein-Tensor), während T_M den Rauminhalt angibt (die Dichte von Energie und Materie sowie den daraus resultierenden Druck). Weil Raum und Zeit ja diverse Komponenten ergeben ($x, y, z; t$), ist der angegebene Ausdruck eine Kurzform von mehreren Gleichungen. In den Worten des amerikanischen Physikers John Wheeler, der auch den Begriff «schwarze Löcher» prägte, ist die Aussage dieser Gleichungen:

Die Materie sagt dem Raum, wie er sich krümmen soll, und der gekrümmte Raum sagt dann der Materie, wie sie sich zu bewegen hat.

Eine wesentliche Größe, die durch die Gleichungen bestimmt wird, ist der Maßstab, mit dem der Abstand entfernter Gebilde im Universum, etwa Galaxien, gemessen wird: der sogenannte Skalenfaktor $a(t)$, der mit der Zeit t variieren kann, wenn das Universum sich ausdehnt oder zusammenzieht. In der Tat führte die Lösung der Einstein-Gleichungen auf eine Welt, die im Allgemeinen nicht *statisch* war. Der Skalenfaktor konnte mit der Zeit zunehmen oder abnehmen, und seine Änderungsrate konnte sich ihrerseits auch wieder zeitlich ändern. Die Einstein-Gleichungen sagten allerdings eine fortschreitende Abnahme dieser Rate vorher.

Das Bild einer sich zeitlich ändernden Welt, etwa eines expandierenden Universums, widersprach bis zu Hubbles Entdeckung dem gängigen Weltbild: Das Universum erschien damals noch ewig und unveränderlich. Das war bei den Gleichungen in der obigen Form nicht möglich; sie ergaben ein $a(t)$, das mit der Zeit zu- oder abnahm, also eine endliche Rate von Ausdehnung oder Kontraktion. Sie ergaben ferner, dass diese Änderungsrate selbst auch noch mit der Zeit abnahm; nichts blieb ewig und unveränderlich.

Um hier Abhilfe zu verschaffen, schritt Einstein zur Tat und fügte seinen Gleichungen einen weiteren Term hinzu, die *kosmologische Konstante* Λ:

$$G_E = T_M + \Lambda$$

Die kosmologische Konstante Λ sollte die für Kontraktion oder Ausdehnung verantwortlichen Effekte, etwa die anziehende Schwerkraft, genau kompensieren und so ein ewig gleiches Universum ermöglichen. Das Problem dabei wurde allerdings rasch klar: Λ sollte eine universelle *Konstante* sein, während alle anderen Terme der Gleichung mit der Zeit variieren. Das heißt, dass die gewünschte Kompensation nur zu einer ganz bestimmten, festen Zeit stattfinden konnte. Sollte sich die Energiedichte im Universum im Anschluss daran etwa durch Bildung einer Galaxie nur ein wenig verändern, wäre die Kompensation sofort wieder zerstört und alles würde sich wieder bewegen. Für mehr Einzelheiten sei wiederum auf den Anhang 3 verwiesen.

Auf der linken Seite der letzten Gleichung steht der Einstein'sche Krümmungstensor, der durch die rechte Seite, also durch den Effekt von Energie und Materie im Raum, bestimmt wird. Das Hinzufügen der kosmologischen Konstanten bedeutet nun, dass nicht nur die im Raum befindliche («hineingebrachte») Materie und Strahlung eine Rolle spielen, sondern dass auch der Raum selbst eine universelle, zeitlich und räumlich konstante «Vakuumenergie» enthält, die ausschließlich zur Struktur und Evolution des Raumes beiträgt und sonst keinen Effekt hat. Aus heutiger Sicht wird diese dunkle Raumenergie gerade durch Einsteins kosmologische Konstante gegeben.

Sie schafft es, wie erwähnt, zwar nicht, das Universum statisch zu machen, aber sie kann entscheiden, was passiert. Der Rahmen dafür ist heute durch zwei Messergebnisse festgelegt. Wie wir in Kapitel 5 gesehen haben, zeigen Präzisionsdaten der kosmischen Mikrowellenstrahlung, dass der Raum, die Bühne für alles Geschehen, an sich effektiv flach ist. Was an Krümmung vorhanden ist, muss durch den Rauminhalt entstanden sein. Zum anderen zeigen vor knapp zwanzig Jahren durchgeführte Untersuchungen von Supernova-Explosionen, dass das Universum sich nicht nur ausdehnt, sondern dass zudem die Ausdehnungsrate zeitlich ansteigt, sich also beschleunigt. Der Nobelpreis 2011 ging an Wissenschaftler, die an dieser Entdeckung maßgeblich beteiligt waren. Eine solche Beschleunigung lässt sich mit Hilfe von Λ erreichen (siehe wieder Anhang 3).

Die immer stärker anwachsende Ausdehnung des Universums erfordert also die Existenz der dunklen Raumenergie, die den gesamten Raum gleichmäßig durchdringt und deren Dichte in Raum und Zeit konstant bleibt. Diese Dichte ist außerordentlich gering – wir werden gleich sehen, wie gering. Kurz nach dem Urknall war das effektive Volumen des Universums noch so klein, dass die Schwerkraft die Ausdehnungskraft dieser Raumenergie in Schach halten konnte – es dehnte sich weiter alles aus, aber die Ausdehnungsrate wurde geringer. Irgendwann aber – die Kosmologen meinen, vor etwa 500 Millionen Jahren – war das Ganze so groß geworden, dass die Schwerkraft nicht mehr Schritt halten konnte; es gab jetzt sehr viel Raum und deshalb genügend Raumenergie, sodass die Ausdehnungsrate wieder anstieg und dies bis heute tut. Da die im Universum vorhandene Materie konstant blieb, bildet sie heute nur noch etwa ein Viertel der Energie des Universums – drei Viertel bestehen aus strukturloser Raumenergie, so wie wir das in Kapitel 5 dargestellt haben.

Die Auswertung der erwähnten Messergebnisse zeigt, dass die Vakuumenergie des Universums grob sieben Protonen pro Kubikmeter entspricht. Mit anderen Worten: Ein leerer Raum von der Größe der Erde enthält an Vakuumenergie etwa so viel Energie wie ein Gramm Wasser. Aus diesem Grund erreicht die besagte dunkle Energie erst Bedeutung bei Dimensionen von intergalaktischer Größe. Aber dann wird sie in der Tat ganz wesentlich.

Schon bei der dunklen Materie tappen wir im Dunkeln, was ihren Ursprung anbetrifft. Bei der dunklen Energie wird die Sache noch viel schlimmer. Wäre sie einfach null, könnte man noch sagen, dass der leere Raum eben doch leer ist. Aber diesen von null verschiedenen, sehr kleinen Wert zu verstehen, das bildet heute das vielleicht gravierendste Problem der Kosmologie.

Mit Fug und Recht können wir also sagen, dass mehr als drei Viertel dessen, was unser Universum anfüllt, aus uns bisher unbekannten Konstituenten besteht. Die bekannten Teilchen unserer Welt machen lediglich 5 Prozent aus; weitere 20 Prozent bestehen aus dunkler Materie, wohl irgendwie ähnlichen Teilchen, die wir aber noch nicht kennen. Und drei Viertel oder mehr schließlich bestehen aus Raumenergie, von der wir im Grunde genommen nur wissen, dass sie die Expansion des Universums vorantreibt. Weder ihre Natur noch ihre Stärke sind im Rahmen unserer Theorien vorstellbar. Zukünftige Generationen von Physikern und Kosmologen haben also mehr als genug zu tun. Schon die Feststellung, dass mehr als drei Viertel unseres Universums aus einer uns völlig unbekannten Form bestehen, bildet eine neue Art kopernikanischer Revolution. Das, was wir kennen, ist nur ein außerordentlich kleiner Bruchteil des Ganzen.

Und Gott meinte: Das Schauspiel war sehr schön;
ich werde es wiederholen lassen.

Bertrand Russell, *A Free Man's Worship*

8. Das Ende der Zeit

ist aus menschlicher Sicht schwer vorstellbar, wie es auch schon der Anfang war. Die Zeit ist ein so grundlegender Teil unseres Daseins, dass wir uns zwar vielerlei verschiedene räumliche Welten ausdenken können, aber in allen fließt die Zeit auf gleiche Weise. Wir haben am Anfang dieses Buches festgestellt, dass im Urknall Zeit und Raum entstanden sind. Aber selbst wenn in der Relativitätstheorie die beiden Begriffe zur *Raumzeit* verschmelzen, verbleiben ganz wesentliche Unterschiede. Im Raum können wir uns in jede Richtung bewegen, in der Zeit aber nicht. Solange wir nur dynamische Theorien in einer formalen Welt betrachten, in der es eine Zeitrichtung und drei Raumrichtungen gibt, können wir in Zeit und Raum vorwärts und rückwärts rechnen. Sobald wir aber die kollektiven Effekte der wirklichen Welt berücksichtigen, den zweiten Hauptsatz der Thermodynamik ins Spiel bringen, ist damit Schluss. Die Zeit erhält eine Richtung. Wir können wissen, was in der Vergangenheit war, aber nicht, was in der Zukunft sein wird. Wir können zukünftige Ereignisse noch beeinflussen, die in der Vergangenheit aber nicht mehr.

Wer sich ernsthaft mit der Vergangenheit befasst, ist ein Historiker, betreibt eine respektierte Wissenschaft; wer die Zukunft beschreibt, ist ein Hellseher und wird mit gebührendem Zweifel betrachtet. Setzt man die Ordnung von Ursache und Wirkung außer Kraft, entsteht eine seltsame Welt. Die weiße Königin im zweiten Teil von Lewis Carrolls *Alice im Wunderland* kann sich genauso an die Zukunft erinnern wie an die Vergangenheit. So stößt sie einen Schrei aus, weil sie weiß, dass sie sich gleich beim Anlegen ihres Schals in den Finger stechen wird.

In der Quantenphysik gibt es etwas Ähnliches: einen *Schütteleffekt* und einen *Angsteffekt*. Ein Elektron, das von einem Photon getroffen wird, emittiert «als Konsequenz» ein weiteres Photon. Es gibt aber auch einen Beitrag zur Bestimmung der Photonabstrahlung, in dem das Elektron das «zweite» Photon emittiert, bevor es vom ersten getroffen ist.

Für die vollständige Beschreibung der Elektron-Photon-Wechselwirkung sind beide Beiträge notwendig, und für die Beschreibung von nur zwei Teilchen ist das auch noch richtig. Die Vorgabe einer Zeitrichtung erfolgt erst als ein emergenter Effekt in der makroskopischen Welt vieler Teilchen, vieler Freiheitsgrade. Dann gilt das, was durch den zweiten Hauptsatz der Thermodynamik beschrieben wird. Das Gas fließt im Joule-Experiment eben nicht zurück in sein Ausgangsvolumen, obwohl die Bahnen von zwei Atomen in einem Kasten sowohl vorwärts wie auch rückwärts verlaufen können. Für sie

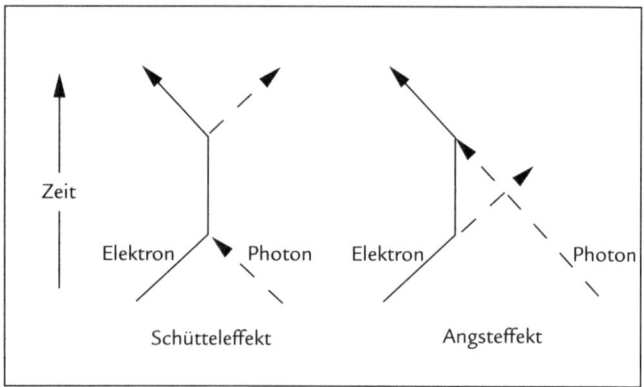

Die Umkehr von Ursache und Wirkung in der Quantenphysik

gibt es noch keine Zeitrichtung, diese entsteht erst im Zusammenspiel vieler Teilchen.

Es gibt also einen Pfeil des Geschehens, und die Zeit markiert aufeinanderfolgende Punkte entlang dieser Richtung. Man kann sich aber auch andere Größen vorstellen, die in der Chronologie des Universums diesen Zweck erfüllen könnten, zum Beispiel die Temperatur. Die Urwelt begann extrem heiß, und die mit der Ausdehnung verbundene Abkühlung bestimmt auch die jeweiligen Entwicklungspunkte. So entstand das Vakuum durch die Verkopplung von Quarks zu Hadronen, etwa zehn Mikrosekunden nach dem Urknall oder bei etwa 10^{12} Grad Kelvin. Die Atombindung fand 380 000 Jahre später statt, bei einer Temperatur von 3000 Grad Kelvin. Wenn wir die Achse des Geschehens durch die Zeit nummerieren, läuft unsere Skala von null (dem Urknall) bis – ja, bis wohin, bis in die Ewigkeit? Und wenn wir stattdessen die Temperatur wählen, dann beginnen wir bei unendlich und landen wo, bei null?

Während die Zeit gleichförmig dahinzufließen scheint, kann im Prinzip die Temperatur durchaus fluktuieren. Wir können versuchen, aus beobachtbaren Entwicklungen Tendenzen zu bestimmen und diese dann in «die Zukunft» zu extrapolieren. Aber wie der bekannte österreichisch-amerikanische Physiker Viktor Weisskopf einmal sagte, *Vorhersagen sind so eine Sache, besonders, wenn sie die Zukunft betreffen.* Weisskopf wusste, wovon er sprach, denn er war einer der ersten Direktoren des Europäischen Kernforschungszentrums CERN in Genf, zu einer Zeit, als sich dieses Zentrum noch ganz am Anfang seiner Entwicklung befand. Wie also geht es weiter mit unserem Universum?

Um diese Frage zu untersuchen (beantworten wäre zu optimistisch), müssen wir uns die zeitliche Entwicklung etwas näher ansehen, die das Universum und die Mechanismen für seine Ausdehnung durchlaufen haben. Die Ausdehnung wird erzeugt durch die verbliebene Raumenergie; die Schwerkraft liefert einen gegenläufigen Effekt. Kurz nach dem Urknall war das Volumen unseres zukünftigen Universums noch so klein, dass die Schwerkraft die Ausdehnungskraft der damals vorhandenen Raumenergie weitgehend in Schach halten konnte: Die Ausdehnungs*rate* nahm mit der Zeit ab.

Die *Rate* wurde geringer, nicht aber die *Ausdehnung* selbst. Wenn sich also in einem Jahr das Volumen verdreifachte, dann brachte das folgende Jahr nur noch eine Verdopplung.

Irgendwann aber wurde das Volumen so groß, dass die Raumenergie die Oberhand gewann. Die Verlangsamung hörte auf, und von da an setzte das umgekehrte Verhalten ein: Wenn jetzt in einem Jahr das Volumen doppelt so groß wurde, dann brachte das folgende Jahr schon eine Verdreifachung. Dieser Umschwung geschah etwa hundert Jahre nach dem Urknall, und er hält bis heute an. Während zur Zeit der letzten Streuung, also bei der Freisetzung der kosmischen Hintergrundstrahlung, die Gesamtenergie des Universums nur zu weniger als einem Prozent aus Raumenergie bestand, sind es heute schon 75 Prozent. Und wenn nichts geschieht, setzt sich diese Entwicklung fort.

Aus dem eben geschilderten Verhalten können wir entnehmen, dass es für die Chronologie des Universums eigentlich nur drei Mög-

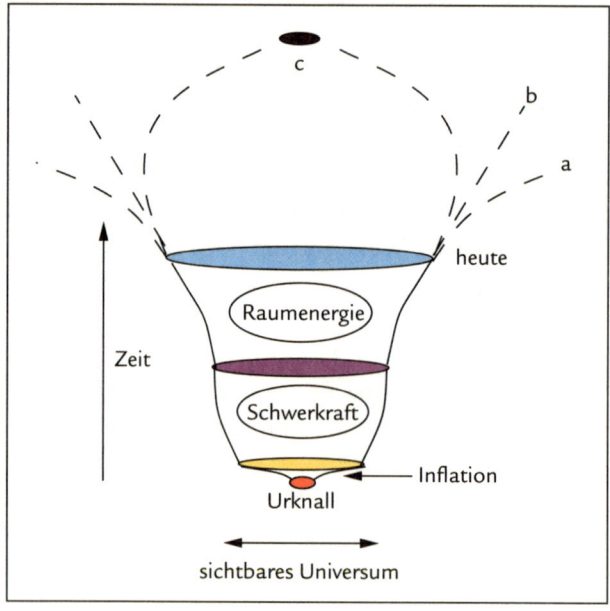

Die Ausdehnung des Universums

lichkeiten gab und gibt. Die bisherige und die verschiedenen zukünftigen Entwicklungen für die Ausdehnung des Universums sind im folgenden Bild schematisch dargestellt.

Nach dem Ende der Urknall-Inflation wird die Ausdehnungsrate zunächst geringer, da die Schwerkraft den Expansionseffekt der Raumenergie abbremst. Es findet jedoch weiterhin eine Ausdehnung statt. Sobald der Raum genügend groß geworden ist, reicht die Menge an Raumenergie aus, um die Ausdehnung wieder zu beschleunigen. In dieser Phase anwachsender Ausdehnungsrate befinden wir uns, so die neueste Messung Ende der 1990er Jahre, auch heute noch.

Wie es in Zukunft weitergeht, liegt nun in der Hand der Raumenergie. Hält ihre Dichte auch weiterhin unvermindert an, wird die Ausdehnung des sichtbaren Universums unvermindert zunehmen (Variante a). Es ist aber möglich, dass die Stärke der Raumenergie gerade genug abnimmt, um eine Balance zwischen ihr und der Schwerkraft zu erlauben. Dann würde sich die Ausdehnung mit einer konstanten Rate fortsetzen (Variante b). Und schließlich wäre es auch möglich, dass sich die Raumenergie irgendwie abnützt, geringer wird, sodass auf lange Sicht die Schwerkraft gewinnt – dann wird sich die Welt unter ihrem Einfluss wieder zusammenziehen (Variante c). Was haben nun diese sehr verschiedenen Zukunftsperspektiven für Konsequenzen?

Sollte auf lange Sicht die Raumenergie siegreich bleiben, so setzt sich die Ausdehnung immer weiter fort, entweder ansteigend (a) oder gleichförmig (b). Es gibt dann für das zukünftige Universum weder eine zeitliche noch eine räumliche Grenze. Ferne Galaxien werden immer ferner und entschwinden schließlich hinter dem Hubble-Horizont des für uns Erreichbaren. Für uns gehen damit ihre Lichter aus.

Unsere eigene Galaxie ist räumlich kompakt genug, um sie per Schwerkraft auch weiterhin zusammenzuhalten – die Menge der darin befindlichen Raumenergie ist zu gering, um ein Auseinanderreißen zu ermöglichen. Aber auch «unsere» Sterne verlöschen mit der Zeit, weil sie ihr Brennmaterial aufgebraucht haben. Es mögen noch neue entstehen, aber letztendlich verlöschen auch sie: der endgültige

Sternenuntergang.

Das Universum wird zwar immer größer, aber auch immer leerer und kälter. Die Temperatur der kosmischen Hintergrundstrahlung sinkt auf null, da ihre Wellenlänge immer größer wird. Schließlich enthält unsere Welt, einmal angefüllt von Milliarden von Galaxien, nur noch unsere engere Welt, unsere Milchstraße, in der mehr und mehr tote Sterne kreisen. Alles, was weiter entfernt war, ist durch die Raumenergie in unerreichbare Ferne verschoben worden. Wenn die Stärke dieser dunklen Energie gleich bleibt, dann ist unsere Galaxie gerettet, da die Schwerkraft ausreicht, um sie zusammenzuhalten. Sollte die Dichte der dunklen Energie auf lange Sicht aber genügend zunehmen, ist auch das nicht mehr sicher: Es kann nun alles auseinandergerissen werden, gegebenenfalls selbst Materie und Atome. Im Endzustand schwirren dann einsam Nukleonen und Elektronen durch den ansonsten leeren und immer größer werdenden Weltraum. Damit ist das Universum einen *thermischen Tod* gestorben, die Welt ist ein gleichverteiltes und immer mehr verdünntes Gas. Die im vorigen Kapitel beschriebene Formbildung war weitgehend durch die Gravitation erzeugt; die Schwerkraft hat ihre dominante Rolle nun ausgespielt. Die Zeit ist nicht zu Ende, sondern bedeutungslos: Es gibt keine Ereignisse mehr, die eine Reihenfolge definieren. Die Welt ist wieder gleichförmig geworden, räumlich wie auch zeitlich.

Im anderen Fall würde die derzeit noch immer rascher ansteigende Ausdehnung irgendwann wieder geringer, hörte dann gänzlich auf und ginge über in eine Kontraktion: Dazu muss sich die Natur der dunklen Energie natürlich ändern, sie muss sich «abnutzen», sodass auf lange Sicht die Schwerkraft doch noch gewinnt. Dann zieht sich alles wieder zusammen, wobei aber nicht der gleiche Zustand wieder erreicht wird wie am Anfang nach dem Urknall. Der Fall vom falschen in den richtigen Grundzustand kann nie rückgängig gemacht werden. Durch zufällige Stöße egal welcher Stärke wird man den Ball nie dazu bringen, aus dem Tal wieder auf den Berg zu gelangen und dort ruhend zu liegen. Das Ende wird nun durch die Schwerkraft bestimmt. Es entsteht ein riesiges schwarzes Loch, aus dem nichts mehr entkommen kann und das alle Information der vorherigen Welt holographisch in seiner Oberfläche gespeichert hat; die Menge dieser Information bestimmt die Größe der Oberfläche. Sowohl unser Raum wie unsere Zeit wären dann ein begrenztes Schauspiel gewesen. Das Tröstliche ist, dass ja weiterhin immer wieder solche Blasen entstehen, die Ursuppe bleibt am Kochen, auch wenn wir nicht mehr dabei sind, um ein nächstes Universum zu erklären. Ein solches Bild ist in gewisser Weise ästhetisch recht befriedigend. Schon die Endlichkeit unseres eigenen Lebens macht, dass wir uns auch ein Universum von endlicher Lebensdauer intuitiv vorstellen können. Auch hier findet ein Altern statt, von einem jungen, heißen Gas zu einem alten, schwarzen Loch. Und auch hier betrifft die endliche Lebensdauer nur unser eigenes Universum – es gibt unendlich viele andere, die weiter entstehen, existieren und vergehen.

Bisher haben die Kosmologen allerdings noch keinerlei Hinweise auf ein Abnehmen der Ausdehnungsrate gefunden; doch dazu ist vielleicht noch nicht das letzte Wort gesprochen.

Denn selbst wenn unser jetziges Universum schließlich als ein schwarzes Loch enden sollte, muss damit noch nicht endgültig Schluss sein. Nur im Rahmen der klassischen Physik kann aus einem schwarzen Loch nichts entkommen. Vor knapp fünfzig Jahren hat der bekannte englische Astrophysiker Stephen Hawking festgestellt, dass es einen quantenmechanischen Ausweg gibt. Der leere Raum, das Nichts, ist nur im Mittel leer; es gibt immer kurzzeitige Fluktuationen, in denen ein Teilchen-Antiteilchen-Paar aus der Tiefe des Nichts in die Wirklichkeit emporkommt und gleich darauf wieder hinabtaucht, sich wieder vernichtet. Wenn dieser Vorgang an der Oberfläche eines schwarzen Lochs stattfindet, besteht die Möglichkeit, dass das schwarze Loch eines der beiden ergreift und hinabzieht. Das andere ist damit «gerettet», in die Wirklichkeit gebracht, da es ja keinen Partner mehr hat, um sich zu vernichten. Die Energieerhaltung verlangt, dass für einen solchen Vorgang ein Preis gezahlt werden muss: Vorher war da ein schwarzes Loch einer bestimmten Masse, nachher ein schwarzes Loch und ein übrig gebliebenes Teilchen. Die Masse des schwarzen Lochs muss um die Masse dieses Teilchens kleiner geworden sein. Von außen betrachtet (selbst wenn es keinen

Betrachter mehr gibt), scheint es, als würde das schwarze Loch Teilchen abstrahlen: die sogenannte Hawking-Strahlung. Und da schwarze Löcher mit abnehmender Masse immer mehr solche Strahlung abgeben, verdampfen sie auf lange Sicht ... allerdings auf sehr lange Sicht. Seit dem Urknall sind etwas mehr als 10^{10} Jahre vergangen. Nach Abschätzungen, natürlich sehr spekulativer Art, vermutet man mehr als 10^{100} Jahre, bevor unser Universum endgültig verdampft ist, über ein schwarzes Loch als Zwischenstufe. Es gibt dann nur noch Elektronen, Positronen, Photonen und Neutrinos in Form eines unendlich verdünnten idealen Gases im ansonsten leeren Raum.

Es scheint also kein Entkommen zu geben vom zweiten Hauptsatz der Thermodynamik: Am Ende gibt es weder Struktur und Ordnung noch Zeit. In den biblischen Worten: *Alles ist von Staub gemacht und wird wieder zu Staub.* Unser Leben wie auch das unseres Universums liegen dazwischen.

Die neue Schöpfungsgeschichte

Aus der Urwelt schuf Gott Raum und Zeit. Der Raum dehnte sich aus, aber es gab keine Leere, überall entstanden Dinge. Die Dinge verwandelten ihre Erscheinungen von einer Form zur anderen, und als Maß dieser Folge entstand die Zeit. Im Laufe der Zeit ergab sich auch eine Form, die große Teile des Raumes leer ließ, ohne irgendwelche Dinge, das Nichts. Damit war der Anfang der Schöpfung vollendet: Es gab den Raum, die Zeit, die Dinge und das Nichts, es gab ein Universum.

Es gab aber auch noch eine dunkle Kraft, die mit unaufhörlichem Druck den Raum auseinandertrieb und dies bis heute tut. Ferne Teile wurden immer ferner, und das Universum wurde immer größer, und die fernsten Teile entschwanden aus unserer Sicht, und sie tun dies weiterhin.

Die Dinge im Raum erzeugten Licht, aber sie hielten dies Licht gefangen, bis die dunkle Kraft den Raum so weit ausgedehnt hatte, dass es seiner Bindung entkommen konnte. Jetzt war das Licht frei, und es verbreitete sich überall, und es tut dies weiterhin.

Das Nichts wurde die Bühne für die Welt, die dann kam. Von Anfang an gab es Kräfte zwischen den Dingen, die kleinsten Dinge im Raum verbanden sich zu größeren und diese zu noch größeren, und so fort. Sie alle verteilten sich in unserem Universum und schufen so den sternengefüllten Weltraum.

Die Kräfte zwischen den Dingen aber erzeugten auch immer neue und verschiedene Zustände und Formen, heiße und kalte, leichte und schwere, gasförmige, flüssige und feste Körper aller Art. So entstand die ganze sichtbare und unsichtbare Vielfalt unserer heutigen Welt.

Anhang 1: Wie viele Kugelanordnungen gibt es?

In diesem Anhang wollen wir die Abzählung von Konfigurationen anhand von Kugeln in Fächerkästen etwas erläutern. Fangen wir mit einem sehr einfachen Beispiel an, mit zwei Kugeln und einem Kasten mit vier Fächern. Für die erste Kugel ergeben sich vier Möglichkeiten, für die zweite noch drei: also insgesamt zwölf. Dabei haben wir aber implizit angenommen, dass die Kugeln unterscheidbar sind. Ist das nicht der Fall, dann haben wir zu viel gezählt: Wir müssen die durch Vertauschung der beiden Kugeln entstehenden Konfigurationen als eine, nicht als zwei zählen. Letztendlich erhalten wir so sechs verschiedene Möglichkeiten, wie im folgenden Bild dargestellt.

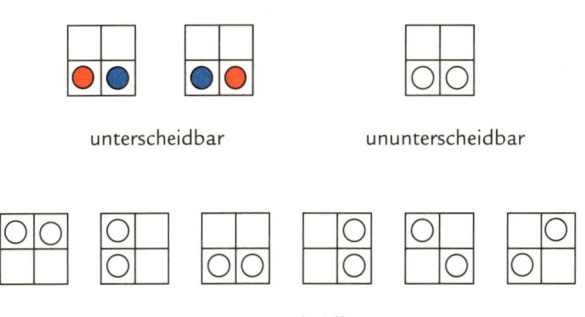

Figur 1: Zwei Kugeln in vier Fächern

Betrachten wir nun vier Kugeln in neun Fächern. Für die erste gibt es neun Möglichkeiten, für die zweite acht usw., also insgesamt

$$9 \times 8 \times 7 \times 6 = 3024$$

Konfigurationen. Aber auch hier müssen wir die Ununterscheidbarkeit der Kugeln berücksichtigen und deshalb durch 4 × 3 × 2 = 24 teilen. Das ergibt dann 126 verschiedene Konfigurationen für vier ununterscheidbare Kugeln und neun Fächer.

Für neun Kugeln in neun Fächern besteht natürlich nur eine Möglichkeit. Bei einer doppelt so großen Fächerzahl aber erhält man dann

$$\frac{18 \times 17 \times ... \times 10}{9 \times 8 \times ... \times 2} = 48\,620.$$

Wenn wir die Kugeln als Gasatome betrachten und als Ausgangspunkt eines Joule-Experiments alle Kugeln in der linken Kastenhälfte nehmen, dann ist nach Öffnen der Trennwand und freier Verteilung die Wahrscheinlichkeit, alle Kugeln wieder links im Kasten zu finden, durch 1:48 620 gegeben.

Im allgemeinen Fall betrachten wir n Kugeln und einen Kasten von x^n Fächern, wobei $x \geq 1$ eine ganze Zahl sein soll. Die Zahl der möglichen Zustände ist dann

$$\frac{xn \times (xn - 1) \times (xn - 2) \times ... \times (xn - n)}{n \times (n - 1) \times (n - 2) \times ... \times 1} =$$

$$x^n \left[\frac{(1 - (1/xn)) \times (1 - (2/xn)) \times ... \times (1 - ((n - 1)/xn))}{(1 - (1/n)) \times (1 - (2/n)) \times ... \times (1 - ((n - 1)/n))} \right].$$

Für genügend große x und n, mit $x \gg n \gg 1$, geht der Ausdruck in eckigen Klammern gegen eins, sodass die Zahl der Mikrozustände wie angegeben x^n wird.

Anhang 2: Umlaufbahnen und dunkle Materie

In diesem Anhang wollen wir die Beziehungen zwischen Schwerkraft, Zentrifugalkraft, Planeten- und Sternenbahnen etwas genauer angeben. Das von Isaac Newton formulierte Gesetz der Schwerkraft beschreibt die Anziehungskraft F zwischen zwei Massen M und m im Abstand R voneinander. Dieses Gesetz lautet

$$F = G \frac{Mm}{R^2}, \tag{1}$$

wobei $G = 6.7 \times 10^{-11}\ m^3/kg\,s^2$ die universelle («Newton'sche») Gravitationskonstante ist. Es ist ein Spezialfall des ersten Newton'schen Hauptsatzes der Mechanik,

$$F = ma, \tag{2}$$

der die Beschleunigung a angibt, die eine Masse m unter Einwirkung einer Kraft F erfährt. Auf der Erdoberfläche können wir die durch die Schwerkraft erzeugte Beschleunigung messen; sie ist, wie schon Galilei mit seinen Fallstudien gezeigt hatte, die Gleiche für alle Massen, nämlich $9.8\ m/s^2$. Wenn wir den Radius der Erde kennen ($6.4 \times 10^6\ m$), erhalten wir aus den beiden Gleichungen

$$M = \frac{aR^2}{G} = 5.3 \times 10^{24}\ kg \tag{3}$$

für das Gewicht der Erde. Man kann auf diese Weise also die Erde wiegen.

Die Planetenbahnen werden bestimmt durch das Wechselspiel der anziehenden Schwerkraft der Sonne und der entgegengesetzten, durch die Kreisbewegung hervorgerufenen Zentrifugalkraft

$$K = \frac{mv^2}{R}. \tag{4}$$

Hier bezeichnen wir mit m die Planetenmasse und mit R den Radius der Bahn um die Sonne, die wir einfachheitshalber als kreisförmig annehmen; dabei ist v die Umlaufgeschwindigkeit. Newtons großer Erfolg war zunächst die mit Hilfe dieser Gleichung hergeleitete Bestimmung des Mondumlaufs um die Erde. Aus den Gleichungen (1) und (4) folgt für die Umlaufgeschwindigkeit des Mondes

$$v^2 = \frac{GM}{R}, \tag{5}$$

wobei M die Erdmasse und $R = 4 \times 10^8\,km$ den Abstand Erde–Mond bezeichnet. Mit Hilfe von $2\pi R$ für die Umlaufbahn, wieder als kreisförmig angenommen, erhält man daraus

$$T^2 = \frac{(2\pi)^2\,R^3}{GM} \tag{6}$$

für die Umlaufzeit T, nämlich 30 Tage. Und dieselbe Gleichung (6) gilt für den Umlauf der Planeten um die Sonne, wenn wir M als Sonnenmasse nehmen: So ergibt sich die Kepler'sche Regel $v^2 \sim GM/R$, die, wie wir gesehen haben, von allen Planeten des Sonnensystems befolgt wird. Die dabei erforderliche Sonnenmasse kann man so bestimmen, wenn man die Umlaufzeit (ein Jahr) und den Abstand Erde–Sonne ($1.5 \times 10^{11}\,m$) kennt. Es ergibt sich $M_{\text{Sonne}} = 2 \times 10^{30}\,kg$. Die Sonne ist somit fast eine halbe Million Mal massiver als die Erde.

Und wenn nun, wie bei Randsternen der Galaxien, die Umlaufgeschwindigkeit unabhängig vom Abstand zum Schwerkraftzentrum wird, also bei steigenden R konstant bleibt, dann bleibt nach Gleichung (6) nur der Schluss, dass die Masse linear mit R zunimmt. Die sichtbare Masse aber ändert sich fast nicht mehr für Sterne jenseits des Galaxierandes; es muss also die besagte dunkle Materie geben, die die gleich bleibende Umlaufgeschwindigkeit ermöglicht. Die Dichte der dunklen Materie, M_{dm}/R^3, fällt dann wie R^{-2} ab, wenn die Masse linear in R ansteigt.

Anhang 3: Kosmologische Konstante und dunkle Energie

In diesem Anhang wollen wir etwas ausführlicher zeigen, wie Einstein auf die kosmologische Konstante kam und wieso wir diese heute als dunkle Energie betrachten. Für Leser ohne irgendwelche Physikkenntnisse wird es sicher etwas holperig; aber, so hoffe ich, man wird die Schlussfolgerungen auch verstehen, wenn man unverständliche Details einfach überspringt.

Wir beginnen mit den ursprünglichen von Einstein aufgestellten Gleichungen,

$$R_{\mu\nu} = \frac{1}{2} R g_{\mu\nu} = \frac{8\pi G}{c^4} T_{\mu\nu}, \tag{1}$$

wobei G die Newton'sche Gravitationskonstante und c die Lichtgeschwindigkeit bezeichnet. Die Indizes μ und ν geben Zeit und Raum an und durchlaufen somit 0 (Zeit) und 1,2,3 (Raum). Der metrische Tensor $g_{\mu\nu}$ definiert die Raumzeit ohne Gravitation, also den flachen Minkowski-Raum. Der Energie-Impuls-Tensor $T_{\mu\nu}$ gibt den Rauminhalt an, definiert durch Energiedichte ρ und den daraus resultierenden Druck p. Der Krümmungstensor $R_{\mu\nu}$ bestimmt die aus dem Rauminhalt erzeugte Krümmung von Raum und Zeit. Wenn der Raum leer ist, also $T_{\mu\nu} = 0$, wird $R_{\mu\nu} \sim g_{\mu\nu}$, und es gibt keine Krümmung. Einzelheiten sind für ein Verständnis dieser Gleichungen nicht unbedingt notwendig; das Wesentliche ist, dass zunächst der Rauminhalt (die rechte Seite der Gleichung) die Raumzeitkrümmung (die linke Seite) bestimmt.

Ein Ergebnis dieser Gleichungen ist, dass sich die Größe des Weltraums auf Grund seines Inhalts zeitlich verändern kann. Das Maß dieser Änderung ist der sogenannte Skalenfaktor $a(t)$, der sozusagen die Skala für die Bestimmung der Raumgröße angibt. Für diesen Skalenfaktor ergeben sich als Lösungen der Einstein-Gleichungen zwei Beziehungen, die zuerst

1922 von dem russischen Physiker Alexander Friedmann abgeleitet wurden; die erste,

$$H^2 = \left(\frac{\dot{a}}{a}\right)^2 = \frac{8\pi G}{3}\rho - \frac{k}{a^2},\qquad(2)$$

bestimmt die Geschwindigkeit $v = \dot{a}$, mit der sich die Skala verändert. Mit der Definition $H = \dot{a}/a$ für die Hubble-Konstante ergibt sich sofort das Hubble'sche Gesetz

$$v = \dot{a} = Ha,\qquad(3)$$

nach dem sich ferne Galaxien umso rascher entfernen, je weiter sie weg sind. In Gleichung (2) bezeichnet ρ die Energiedichte im Raum, und k spezifiziert die Raumstruktur (siehe Kapitel 5). Für einen flachen Raum ist $k = 0$, für einen sphärischen $k = +1$ und für einen hyperbolischen $k = -1$. Wie wir in Kapitel 5 gesehen haben, deuten die Messdaten der kosmischen Mikrowellenstrahlung einen flachen Raum an; wir halten aber zunächst noch alle Möglichkeiten offen. – Die zweite Friedmann-Gleichung bestimmt die Veränderung der Skalengeschwindigkeit $\ddot{a} = \dot{v}$,

$$\frac{\ddot{a}}{a} = -\frac{4\pi G}{3}(\rho + 3p).\qquad(4)$$

Diese letzte Gleichung zeigt, dass Einsteins Wunsch nach einem statischen Universum durch seine Gleichungen in ihrer Urform ausgeschlossen war. Selbst wenn bei sphärischer Raumstruktur ($k = +1$) die Gleichung (2) momentan $\dot{a} = 0$ erlauben würde, zeigt die Gleichung (4), dass sich das rasch wieder ändern muss.

Einstein stellte nun fest, dass die mathematische Struktur seiner Gleichungen eine Abänderung erlaubte: Man konnte der linken Seite einen additiven Term hinzufügen,

$$R_{\mu\nu} - \frac{1}{2}Rg_{\mu\nu} + \Lambda g_{\mu\nu} = \frac{8\pi G}{c^4}T_{\mu\nu},\qquad(5)$$

wobei Λ eine universelle, positive, räumlich und zeitlich konstante Größe ist: die *kosmologische Konstante*. Diese Modifikation ergab entsprechend geänderte Friedmann-Gleichungen:

$$H^2 = \left(\frac{\dot{a}}{a}\right)^2 = \frac{8\pi G}{3}\rho - \frac{k}{a^2} + \frac{\Lambda}{3}, \qquad (6)$$

und

$$\frac{\ddot{a}}{a} = -\frac{4\pi G}{3}(\rho + 3p) + \frac{\Lambda}{3}. \qquad (7)$$

Damit schien Einsteins Wunsch nach einem statischen Universum zunächst erfüllbar: Bei sphärischer Struktur ($k = +1$) gab es gemeinsame Werte von ρ, p und Λ, die sowohl auf $\dot{a} = 0$ wie auch auf $\ddot{a} = 0$ führten.

Die Freude war aber nur von kurzer Dauer. Es wurde sehr rasch klar, dass jede kleine zeitliche Änderung der Energiedichte ρ die Statik wieder zerstören würde. Einsteins statisches Universum war etwa so stabil wie der Ball auf dem Berg: Die kleinste Erschütterung lässt ihn hinabrollen. So war auch das statische Universum kein stabiler Zustand: Jede Dichtefluktuation brachte es wieder zum Expandieren oder Kontrahieren. Dazu kam dann Hubbles Entdeckung des expandierenden Weltalls: Das Universum war gar nicht statisch. Einstein stellte mit Bedauern fest, dass ihm eine durchaus mögliche Vorhersage einer solchen Expansion durch die Lappen gegangen war, und er soll dann die Einführung der kosmologischen Konstante als die «größte Eselei» seines Lebens bezeichnet haben. Wir wissen heute, dass er nur seiner Zeit (wie immer) voraus war. Bei Λ = 0 kann man zwar ein expandierendes Universum erhalten, aber die Expansion nimmt notwendigerweise mit der Zeit ab. Um eine Welt zu bekommen, wie sie nach den erwähnten neuesten Supernova-Daten zu sein scheint, muss die Beschleunigung $\ddot{a}$ positiv sein, und das erfordert ein positives, genügend großes Λ.

Die neueren Vorstellungen von Multiversum und Inflation ließen sich dann recht problemlos in den gegebenen Rahmen einfügen. Man musste das Λ nur von der einen Seite der Gleichung (5) auf die andere bringen:

$$R_{\mu\nu} - \frac{1}{2} R g_{\mu\nu} = \frac{8\pi G}{c^4} T_{\mu\nu} - \Lambda g_{\mu\nu}. \qquad (8)$$

Die Krümmung des Raums und seine Entwicklung werden nun nicht nur durch die von außen hineingebrachte Energiedichte in T bestimmt, sondern zusätzlich durch die Raumenergiedichte Λ, die dunkle Energie. Und wenn man die Beschleunigung der Raumexpansion misst, wie die erwähnten Supernova-Experimente das getan haben, dann kann man die Größe von Λ bestimmen. So erhält man die Werte, die wir in Kapitel 7 angegeben haben.

Abbildungsnachweis

Personenregister

Kursive Seitenzahlen verweisen auf Bildlegenden.

223 Seiten mit 52 Abbildungen, davon 26 in Farbe. Gebunden
ISBN 978-3-406-65549-4

Die Erforschung der letzten Grenzen des
Universums ist eines der großen Abenteuer der
modernen Physik. In diesem glänzend
geschriebenen Buch erzählt der international
renommierte Physiker Helmut Satz die Geschichte
der Entdeckung dieser Grenzen, erläutert ihre
Beschaffenheit und versucht zu klären, was hinter
dem letzten Schleier verborgen sein mag.